KB183171

Ollirolli
커피와의 완벽한 만남 시나몬 롤
Cinnamon Roll

Ollirolli

커피와의 완벽한 만남 시나몬 롤

Cinnamon Roll

강나루 · 송혜현
지음

BnCworld

OLLIROLLI
OLLIROLLI
CINNAMON
ROLLS
Cinnamon rolls
and coffee

Prologue

시나몬 롤을 무척이나 좋아하는 두 사람이 모였습니다. 시나몬 롤을 만들고 싶었죠. 그래서 포항까지 달려가 시나몬 롤 만드는 법을 배워 와서는 이틀이 멀다 하고 시나몬 롤을 함께 만들었습니다. 기본적인 시나몬 롤을 잘 만들 수 있게 되자 욕심이 나 다양한 맛의 시나몬 롤을 연구하기 시작했습니다. 좋아하는 맛부터 점차 새로운 맛의 시나몬 롤을 만들어 갔죠. 시나몬은 독특하고 강한 향을 지닌 향신료라 다른 식재료와 어울리기 어렵다고 생각했지만 막상 테스트를 해 보니 의외로 대부분의 재료들과 궁합이 좋았어요.

이렇게 신나게 취미 생활을 즐기다 보니 어느 순간 우리에게는 수많은 시나몬 롤 레시피가 생겼습니다. 처음부터 창업을 염두에 두고 작업한 것은 아니었지만 자연스레 창업으로 의견이 모아졌고, 드디어 시나몬 롤 전문점 '올리롤리'를 오픈하게 되었습니다.

시나몬 롤에 한해서는 대한민국의 그 누구보다 잘 안다는 자신감도 생겼습니다. 누구보다 많이 만들고 많이 먹어봤으니까요. 매장을 오픈한 뒤로는 매일 아침 빵을 구워 전량 당일 판매한다는 원칙을 세우고 이른 새벽부터 일어나 작업을 시작했습니다. 그로부터 약 4년, 지금은 잡지와 TV에도 여러 차례 소개되고 프랜차이즈 문의도 심심찮게 들어올 정도로 이름을 알리게 되었습니다.

시나몬 롤은 독특한 아이템입니다. 늘 그렇듯 호불호는 있지만, 확실한 마니아층이 있고 선물용으로도 인기가 좋습니다. 두말할 나위 없이 커피와 너무도 잘 어울리는 베스트 메뉴이고, 공정도 간단하고, 한 반죽으로 여러 응용 제품을 만들 수 있어 소규모 카페나 전문점을 운영하려는 사람에게도 적격인 제품입니다.

이 책 『커피와의 완벽한 만남, 시나몬 롤』 역시 시나몬 롤을 만들고 싶은 분들뿐 아니라 창업을 꿈꾸거나 메뉴 확장을 고민하는 분들께 실질적인 도움이 되길 바라는 마음으로 썼습니다. 그동안 시나몬 롤을 만들며 겪었던 시행 착오와 모든 노하우를 담았습니다. 물론 올리롤리 시나몬 롤을 자랑하고픈 마음도 있었고요. 현재 판매 중인 메뉴와 시즌별로 선보이는 이벤트성 메뉴, 아직 출시하지 않고 아껴 두었던 메뉴까지 아낌 없이 실었습니다.

저희가 그랬던 것처럼 여러분도 시나몬 롤의 매력에 빠져 보세요. 이 책을 통해 시나몬 롤이 가진 무한한 가능성을 발견하고, 여러분만의 특별한 레시피를 만들어 보세요. 시나몬 롤은 행복을 전하는 메신저입니다. 저희 올리롤리도 계속해 더욱 맛있는 시나몬 롤을 탐구하고 고객들에게 행복을 전하는 브랜드로 성장해 나가겠습니다.

올리롤리의 시나몬 롤 레시피를 책으로 엮어 주신 비앤씨월드와 훌륭한 가르침을 주신 도화라, 정영희, 김기쁜 선생님께 무한한 감사를 드립니다. 그리고 그동안 올리롤리를 찾아주신 모든 손님들께도 이 자리를 빌려 감사 인사를 전하고 싶습니다. 올리롤리의 모든 좋은 일들은 다 여러분 덕분입니다. 감사하고 사랑합니다!

강나루, 송혜현

Contents

004 프롤로그
008 시나몬 롤에 대해
010 재료
012 도구
014 기본 시나몬 롤
022 밀크 아이싱
023 크림치즈 프로스팅

Chapter 1

Ollirolli's Cinnamon Roll

올리롤리 시나몬 롤

클래식	026	**Classic**
추로스	030	**Churros**
아몬드	034	**Almond**
시그니처	038	**Signature**
블루베리	042	**Blueberry**
써니 레몬	046	**Sunny Lemon**
메이플 피칸	050	**Maple Pecan**
시나몬 블래스트	054	**Cinnamon Blast**
올리프레소	058	**Olli-presso**
쇼콜라	062	**Chocolate**
캐러멜 넛츠	066	**Caramel Nuts**
엘비스	070	**Elvis**
갈릭 버터	074	**Garlic Butter**
로투스	078	**Lotus**
요거트 그래놀라	082	**Yogurt Granola**
피스타치오	086	**Pistachio**
흑임자	090	**Black Sesame**

Chapter 2

Four Seasons Cinnamon Roll

포 시즌스 시나몬 롤

스트로베리머치	096	**Strawberry Much**
감사합니다	100	**Thank You**
알로하	104	**Aloha**
무화과	108	**Fig**
애플 시나몬	112	**Apple Cinnamon**
몽블랑	116	**Mont Blanc**
펌킨 시나몬	120	**Pumpkin Cinnamon**
명절	124	**Holiday**
핼러윈	128	**Halloween**
슈톨렌	132	**Stollen**
진저브레드	136	**Gingerbread**
크리스마스	140	**Christmas**

Chapter 3

Cinnamon Roll Variation

시나몬 롤 베리에이션

체리 블로섬	146	**Cherry Blossom**
콘 치즈	150	**Corn Cheese**
코코넛	154	**Coconut**
피자 롤	158	**Pizza Roll**
바브카	162	**Babka**
리스	166	**Wreath**
시나몬 볼	170	**Cinnamon Ball**
미니 시나몬 롤	174	**Mini Cinnamon Roll**
시나몬 롤 비스코티	178	**Cinnamon Roll Biscotti**

시나몬 롤에 대해

시나몬 롤(Cinnamon Roll)은 스웨덴과 덴마크를 중심으로 한 북유럽의 전통적인 페이스트리로 '카넬불레(Kanelbulle)'라는 이름으로 시작되었습니다. 1920년대 제1차 세계대전 이후, 밀가루와 시나몬 구하기가 쉬워지면서 스웨덴 가정의 일상적인 빵으로 자리 잡았죠. 20세기 초반, 북유럽 이민자들에 의해 미국으로 전파된 시나몬 롤은 미국식 베이커리 문화와 만나면서 크림치즈 프로스팅과 다양한 토핑이 더해져 더욱 풍성한 형태로 발전했습니다.

한국에서는 1990년대 후반부터 2000년대 초반, 글로벌 커피 체인점들의 진출과 함께 시나몬 롤이 본격적으로 소개되었습니다. 처음에는 서구의 이국적인 디저트로 인식되었으나 점차 한국인의 입맛에 맞게 진화했습니다. 특히 2010년대 이후 SNS의 영향으로 '인증 샷'의 대표 메뉴로 부상하면서 로컬 베이커리들이 창의적이고 다양한 시나몬 롤을 선보이기 시작했습니다. 최근에는 클래식한 유럽 스타일의 빵과 달콤한 디저트에 대한 수요가 증가하면서 수제 시나몬 롤을 전문으로 하는 베이커리도 늘어나는 추세입니다.

전통적인 시나몬 롤은 버터와 시나몬 설탕을 듬뿍 넣은 반죽을 말아 구운 형태이지만 현재는 다양한 변주가 이루어지고 있습니다. 아메리칸 스타일의 크림치즈 프로스팅, 캐러멜과 견과류의 조화, 바닐라 빈의 부드러운 달콤함을 강조한 버전 등이 있으며 한국에서는 인절미, 흑임자, 쑥 등 전통 식재료를 활용한 퓨전 시나몬 롤도 인기를 얻고 있습니다. 여기에 초콜릿, 피넛버터 등 다양한 필링과 계절 과일을 활용한 시즌 한정판까지 더해져 끊임없는 혁신이 이루어지고 있습니다.

시나몬 롤이 베이커리와 카페 메뉴로 가지는 장점은 다양합니다. 구워질 때 퍼지는 향긋한 시나몬 향은 자연스러운 마케팅 효과를 창출하며, 풍부한 향과 달콤한 맛은 남녀노소 모두에게 사랑받습니다. 또한 비교적 긴 유통기한과 쉬운 보관 방법은 운영 측면에서 큰 이점이 되며 포장이 용이하여 테이크아웃과 대량 주문에도 적합합니다.

특히 주목할 만한 점은 커피와의 완벽한 조화입니다. 시나몬의 따뜻하고 스파이시한 향, 달콤한 프로스팅은 커피의 쌉쌀한 맛과 환상적인 조화를 이룹니다. 커피 브레이크의 단골 메뉴로 자리 잡았으며, 한국의 브런치 카페나 커피 전문점에서도 보편적인 페어링 메뉴로 인정받고 있습니다.

이처럼 시나몬 롤은 단순한 디저트를 넘어 오랜 역사와 전통을 지닌 베이커리의 대표 주자로서 문화적 경계를 넘어 전 세계인의 사랑을 받고 있습니다. 앞으로도 더욱 다양한 형태로 발전하며 달콤한 행복을 전하는 메신저 역할을 계속할 것입니다.

About Cinnamon Roll

Ingredients
재료

1. 밀가루(강력분, 박력분)
시나몬 롤은 쫄깃하면서도 부드럽게 녹는 식감이 필요하기 때문에 이 책에서는 탄성과 힘이 좋아 쫄깃한 식감이 특징인 강력분과 질기지 않고 가벼운 식감을 내는 박력분을 적절히 섞어 사용했습니다. 강력분을 많이 첨가하면 빵이 질기거나 딱딱해질 수 있으며, 박력분 양이 많으면 빵이 뚝뚝 끊기거나 퍼석해질 수 있습니다.

2. 아몬드 파우더
지방 함량이 높기 때문에 빵이 더 부드럽고 촉촉해지며 고소하고 부드러운 풍미도 더해집니다. 반면 기름기가 많아 냄새를 잘 빨아들이며 산패할 수 있으므로 밀폐 용기에 담아 냉장 또는 냉동 보관합니다.

3. 탈지분유
우유에서 지방을 분리하고 수분을 증발시킨 것입니다. 일반 우유보다 더 농축된 풍미가 있습니다. 탈지분유를 넣으면 부드럽고 고소하면서도 은은한 맛이 더해집니다.

4. 드라이이스트
입자가 고와 반죽에 바로 넣어서 사용할 수 있는 이스트입니다. 설탕 농도가 높은 반죽에서 설탕을 빠르게 분해하는 고당 드라이이스트를 사용합니다.

5. 버터
빵을 부드럽고 촉촉하게 만듭니다. 그러나 너무 많이 넣으면 글루텐 형성과 발효를 방해할 뿐만 아니라 빵이 묵직하고 느끼해질 수 있으니 주의합니다.

6. 견과류 분태(호두, 피칸, 헤이즐넛)
뜨거운 물에 살짝 데친 다음 오븐에 구워 사용하면 바삭한 식감과 특유의 고소한 향이 살아납니다. 반면 견과류의 지방은 산패하기 쉬우니 주의합니다.

7. 소금
짠맛을 낼 뿐만 아니라, 빵의 구조를 강화해 탄력 있는 반죽을 만듭니다. 또한 단맛을 더 돋보이게 하고, 맛의 전체적인 균형을 맞춥니다.

8. 시나몬 파우더
특유의 씁쓰름한 맛이 단맛과 균형을 이루어 맛을 더욱 풍부하게 만듭니다. 쓴맛이 날 수 있으니 적정량을 사용해야 하며, 개봉 후에는 향이 약해지므로 밀폐 용기에 담아 빠르게 소진합니다.

9. 우유
반죽에 수분을 공급하여 부드럽고 촉촉한 빵을 만듭니다. 물과 달리 특유의 풍미가 있어 고소한 맛을 냅니다. 또한 단백질 성분인 카제인은 글루텐의 활성화를 방해하기 때문에 적절하게 첨가하면 질기지 않은 촉촉한 빵을 만들 수 있습니다.

10. 생크림
반죽에 수분과 지방을 함께 공급해 부드럽고 촉촉하며 시간이 지나도 퍽퍽해지지 않는 빵을 만듭니다. 우유와 비슷하지만 성분이 달라 완전히 대체하기는 어렵습니다. 유지방 35% 이상의 제품을 사용하는 것이 더 진하고 풍미가 좋습니다.

11. 크림치즈
크림치즈의 산미가 시나몬 롤의 단맛을 중화시켜 균형 있는 달콤함을 만듭니다. 빵 위에 얹으면 표면의 수분 증발을 막아 촉촉함을 유지시킵니다. 차가우면 덩어리가 생기므로 상온에 두었다가 사용해야 하는데 반대로 온도가 너무 높으면 분리되니 주의합니다.

12. 달걀
빵의 맛, 질감, 구조를 결정하는 데 중요한 역할을 합니다. 달걀에 열을 가하면 달걀 속 단백질이 응고되면서 완성된 빵이 무너지거나 퍼지는 것을 방지합니다. 노른자는 지방 함량이 높아 반죽을 더 부드럽게 만들며 농후한 맛을 냅니다.

13. 슈거 파우더
설탕을 곱게 갈아 만든 것으로, 보통 3~5% 정도의 전분이 첨가되어 있습니다. 입자가 매우 작고 부드러워 액체에 쉽게 녹기 때문에 아이싱이나 크림 등을 만들 때 사용합니다. 습기가 많으면 쉽게 뭉치므로 밀폐 용기에 담아 건조한 곳에서 보관합니다.

14. 설탕(백설탕, 황설탕, 흑설탕)
단맛을 더할 뿐만 아니라 이스트의 먹이가 되어 원활한 발효를 돕습니다. 수분을 끌어 당겨 빵이 촉촉함을 유지할 수 있도록 돕기도 하죠. 일반적으로 무향, 무취의 백설탕을 사용하지만 목적에 따라 황설탕이나 흑설탕을 사용하기도 합니다.

15. 케이크 크럼
크럼은 반죽의 잔여 수분을 흡수해 굽는 과정에서 크림이나 필링이 흘러내려 빵이 눅눅해지는 것을 방지합니다. 사용하고 남은 케이크 시트나 파운드케이크 등을 상온에서 하루 정도 건조한 다음 갈아서 냉동했다 사용합니다. 구하기 어렵다면 일반 빵가루를 사용해도 좋습니다.

1
2
3
4
5
6
7
8
9
10
11
12
13
14
15

1
2
5
3
8
7
6
4
10
11
12
9

Tools
도구

1. 격자 틀과 사각 팬
시나몬 롤을 사각형 모양으로 만들기 위한 틀과 팬입니다. 격자 틀은 사용하는 사각 팬 사이즈에 맞게끔 개인적으로 맞춤 제작했습니다. 틀 없이 구우면 하나하나 뜯어 먹는 재미가 있는 대형 시나몬 롤을 만들 수 있습니다.

2. 밀대
반죽을 얇고 크게 밀어야 하므로 길이가 최소 40㎝ 이상인 밀대를 사용하는 것이 좋습니다. 또한 굵직한 밀대를 사용하면 조금만 움직여도 많은 양의 반죽을 늘일 수 있어 편리합니다. 손잡이가 달린 밀대는 반죽의 두께를 일정하게 만들기 쉽습니다.

3. 온도계
온도에 민감한 재료를 다룰 때 꼭 필요합니다. 사물에 직접 닿지 않는 적외선 온도계는 표면 온도만을 비접촉 방식으로 측정하므로, 온도를 정확히 재기 위해서는 탐침형을 사용하는 것이 좋습니다.

4. 낚싯줄
시나몬 롤을 재단할 때 사용합니다. 시나몬 롤 반죽은 아주 부드럽기 때문에 칼로 자르면 납작하게 눌릴 수 있습니다. 대신 낚싯줄이나 치실, 명주실 등으로 자르면 깔끔하게 재단할 수 있습니다. 45㎝ 전후로 자른 뒤 양 끝을 손에 말아 팽팽하게 쥐고 반죽 아래로 넣어 조이듯 자르면 됩니다. 단, 낚싯줄은 세척한 뒤 알코올로 소독한 다음 사용해야 하며 명주실은 여러 번 사용하면 반죽에 실이 묻어날 수 있으니 주의해야 합니다.

5. 무스 링
지름 10㎝, 높이 5㎝ 크기의 스테인리스 링입니다. 시나몬 롤을 균일한 모양으로 굽기 위해 사용합니다. 굽고 난 뒤 벽면에 눌어 붙은 반죽은 바로 세척해 제거해야 깔끔하게 사용할 수 있습니다.

6. 주걱
반죽이나 크림 등 여러 재료를 한데 섞거나 믹싱볼에 남은 재료를 깔끔하게 긁어 모을 때 사용합니다. 내열성이 있고 견고하면서도 유연성이 있는 실리콘 재질의 주걱을 사용하면 뜨거운 음식이나 된 반죽 등에 사용하기 좋습니다.

7. 스패튤러
크림을 골고루 바르고 표면을 매끄럽게 정리할 때 사용합니다. 큰 스패튤러를 사용하면 크림을 빠르게 펼 수 있고, 작은 크기의 스패튤러를 사용하면 조금 더 섬세하고 균일하게 펼칠 수 있습니다. 가벼워 손목에 부담이 적은 작은 크기의 스패튤러를 추천합니다.

8. 자
시나몬 롤을 균일한 사이즈로 재단하기 위해 필요합니다. 줄자는 사용하기 불편하고, 플라스틱이나 나무로 만든 것은 청결하게 관리하기가 어려우니 스테인리스 재질의 튼튼한 자를 이용합니다. 최소 50㎝ 이상의 제품을 사용해야 작업이 편리합니다.

9. 베이킹 시트와 베이킹 팬
베이킹 시트는 고온에서도 변형되지 않고 내구성이 뛰어난 실리콘 재질의 비점착성 시트로, 빵이 팬에 달라붙는 것을 막습니다. 가지고 있는 베이킹 팬에 맞는 사이즈로 구입하거나 잘라서 사용하면 됩니다. 이 책에서는 가로세로 46×34㎝, 높이 1.5㎝ 베이킹 팬을 사용했습니다.

10. 아이스크림 스쿠퍼
아이스크림을 푸는 도구입니다. 이 책에서는 주로 완성된 시나몬 롤 위에 크림치즈 프로스팅을 얹을 때 사용했습니다. 일정량을 옮기기 편리하고 스쿠퍼에서 크림을 쉽게 떨굴 수 있어 좋습니다.

11. 머핀 틀
시나몬 롤을 머핀 모양으로 구울 때 사용합니다. 이 책에서는 윗 지름 7㎝, 깊이 3.5~4㎝ 크기의 머핀 틀을 사용했습니다. 타공 팬이나 얇은 베이킹 팬, 오븐 그릴망 등 열전도를 방해하지 않는 것에 틀째로 올려 굽습니다.

12. 스크레이퍼
시나몬 필링을 넓고 균일하게 펼칠 때 주로 사용합니다. 반죽을 여러 개로 분할하거나 작업대에 떨어진 가루를 한데 모으는 등 다방면으로 활용할 수 있습니다. 크기가 크고 단단한 재질을 추천합니다.

Basic Cinnamon Roll

기본 시나몬 롤

가장 기본적인 시나몬 롤입니다. 이스트를 넣은 빵 반죽을 밀어 펴 아몬드 크림, 시나몬 필링, 견과류 3종을 넣고 돌돌 말았어요. 윗면에 장식이 하나도 없기 때문에 성형에 신경을 써야 합니다. 향이 진하고 매력적인 비주얼로 카페에서 판매하기 아주 좋습니다. 매장에 시나몬 향이 폴폴 풍기면 그냥 지나칠 수 없을 거예요.

Ingredients [지름 10㎝ 시나몬 롤 12개]

A 아몬드 크림	B 시나몬 필링	C 견과류 3종	반죽
□ 버터 50g	□ 마스코바도 65g	□ 호두 분태 20g	**액체 재료**
□ 전란 35g	□ 흑설탕 65g	□ 피칸 분태 20g	□ 전란 54g
□ 아몬드 파우더 50g	□ 시나몬 파우더 20g	□ 헤이즐넛 분태 20g	□ 노른자 54g
□ 슈거 파우더 45g	□ 아몬드 파우더 20g		□ 우유 200g
			□ 생크림 30g
			가루 재료
			□ 설탕 96g
			□ 소금 10g
			□ 박력분 100g
			□ 강력분 390g
			□ 탈지분유 14g
			□ 드라이이스트 8g
			□ 버터 120g

Ⓐ 아몬드 크림

1

2

3

Ⓑ 시나몬 필링

1

2

3

Ⓒ 견과류 3종

2

3

4

Basic Cinnamon Roll

How to Make

Ⓐ 아몬드 크림

1 볼에 상온 상태의 부드러운 버터를 넣고 잘 푼다.
2 상온 상태의 전란, 아몬드 파우더, 슈거 파우더를 넣고 섞는다.
3 냉장 보관한 다음 필요한 만큼 꺼내 사용한다.

tip 냉장에서 3일, 냉동에서 1주일 동안 보관하며 사용할 수 있습니다.

Ⓑ 시나몬 필링

1 푸드프로세서에 마스코바도를 넣고 곱게 간다.

tip 딱딱하게 뭉친 덩어리를 제거하기 위함입니다.

2 나머지 재료들도 넣고 한 번 더 간다.
3 상온 보관한 다음 필요한 만큼 꺼내 사용한다.

Ⓒ 견과류 3종

1 세 가지 견과류 분태를 뜨거운 물에 한꺼번에 넣고 20초 정도 넣어 데친다.
2 체에 걸러 물기를 제거한다.
3 130℃ 오븐에서 15분 동안 굽는다.

tip 프라이팬에 볶아도 좋습니다.

4 상온 보관한 다음 필요한 만큼 꺼내 사용한다.

tip 일주일 이내라면 상온 보관이 가능하지만, 그 이상이라면 밀폐 용기에 담아 냉동고에 보관합니다.

Chef's note

이 책에서 소개하는 시나몬 롤은 아몬드 크림(A), 시나몬 필링(B), 견과류 3종(C)을 넣고 마는 것을 기본으로 삼고 있습니다. 메뉴에 따라 기본대로 세 가지를 전부 넣기도 하고, 일부가 빠지거나 응용 또는 변경되기도 합니다. 메뉴마다 아이콘과 함께 소개할 테니 참고해 주세요.

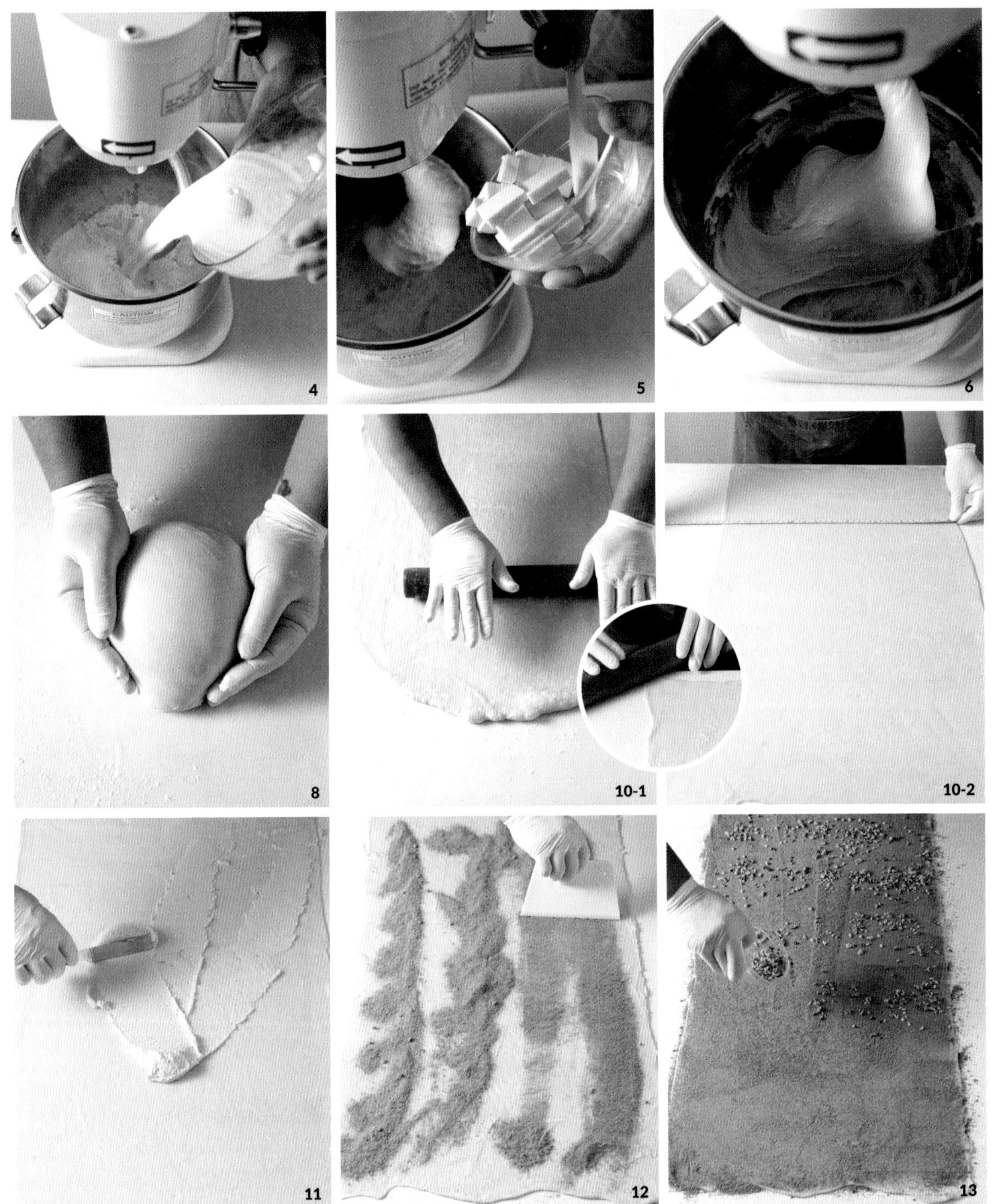
4
5
6
8
10-1
10-2
11
12
13

Basic Cinnamon Roll

How to Make

반죽

1 액체 재료(달걀, 우유, 생크림)를 한 용기에 넣어 함께 계량한다.

2 가루 재료(설탕, 소금, 밀가루, 탈지분유)를 한 용기에 넣어 함께 계량한다.

tip 설탕을 가장 먼저 담으면 용기 바닥에 밀가루나 분유가 묻어나지 않아 깔끔하게 사용할 수 있습니다.

3 드라이이스트와 버터를 각각 따로 계량한다.

tip 이스트는 물에 풀지 않아도 괜찮습니다.

4 믹서볼에 버터를 제외한 모든 재료를 넣은 뒤 저속으로 믹싱한다.

tip 볼에 액체 재료를 먼저 넣으면 보다 깔끔하게 반죽할 수 있습니다.

5 날가루가 거의 보이지 않을 정도로 섞이면 버터를 투입하고 계속해서 믹싱한다.

6 버터가 반죽에 섞여 거의 보이지 않을 때 속도를 높여 믹싱한다.

7 반죽이 한 덩어리로 뭉쳐지면 믹싱을 종료한다.

8 작업대에 덧가루를 뿌리고 반죽을 둥글리기한다.

tip 덧가루는 강력분을 사용합니다.

9 볼에 담아 랩을 덮고 온도 28℃, 습도 70%의 발효실에서 약 1시간 동안 1차 발효시킨다.

tip 반죽이 2배 크기로 부풀 때까지 발효시킵니다. 발효 속도는 계절이나 실내 온도 등에 따라 차이가 날 수 있으므로, 발효한 시간보다는 반죽이 부푼 크기를 체크하는 것이 좋습니다.

10 가로 40㎝, 세로 70㎝ 직사각형으로 크게 밀어 편다.

tip 자를 이용하여 정확한 크기를 맞춥니다.

tip 모서리의 각을 살려서 네모반듯하게 밀어 펴야 균일하게 예쁜 롤을 만들 수 있습니다.

tip 밀어 편 반죽의 두께가 일정해야 합니다.

11 밀어 편 반죽 위에 아몬드 크림(A)을 얇게 펴 바른다.

tip 아몬드 크림은 모서리부터 채워 나갑니다.

12 아몬드 크림 위에 시나몬 필링(B)을 뿌린 뒤 스크레이퍼를 이용해 고르게 편다.

13 견과류 3종(C)을 전체적으로 흩뿌린다.

14-1
14-2
15
16
17
18
19
20
21

Basic Cinnamon Roll

How to Make

14 아래쪽부터 조금씩 돌돌 만다.

tip 말기 시작하는 부분이 두꺼우면 구웠을 때 가운데 부분이 솟아오를 수 있습니다.

15 끝까지 만 다음, 이음매가 풀리지 않도록 잘 꼬집어 마무리한다.

tip 너무 느슨하거나 꽉 죄지 않도록 합니다. 너무 강하게 잡아 당기며 말면 제품이 작아질 수 있습니다.

16 돌돌 말린 반죽에 자를 대고 4cm 간격으로 자국을 남긴다.

17 낚싯줄이나 치실을 이용해 12개로 재단한다.

18 베이킹 시트를 깐 베이킹 팬에 지름 10cm 무스 링을 12개 올리고 그 안에 재단한 시나몬 롤을 하나씩 넣는다.

tip 무스 링 중앙에 롤이 위치하도록 놓아야 구운 뒤 빵이 한쪽으로 쏠리지 않습니다.

19 비닐을 덮은 뒤 온도 28℃, 습도 70%의 발효실에서 약 1시간 정도 2차 발효시킨다.

20 180℃로 예열한 컨벡션 오븐에 넣고 170℃로 낮추어 16분 동안 굽는다.

21 오븐에서 꺼내자마자 무스 링을 제거하고 시나몬 롤은 식힘망으로 옮겨 식힌다.

tip 중앙이 튀어나온 제품이 있다면 뜨거울 때 솟아오른 부분을 눌러 모양을 잡습니다.

tip 뜨거운 베이킹 팬 위에 그대로 두면 열기로 인해 제품이 주저앉을 수 있습니다.

tip 식기 전에 녹인 버터를 바르면 빵을 더 촉촉하게 유지할 수 있습니다.

알아 두면 좋은 시나몬 롤 찰떡 궁합

Milk Icing

밀크 아이싱

Ingredients & How to Make

[지름 10㎝ 시나몬 롤 6개 분량]

- □ 슈거 파우더 147g
- □ 우유 26g
- □ 레몬즙 7g

1 볼에 모든 재료를 넣고 잘 섞는다.

tip 양이 많을 때는 핸드믹서를 사용하면 좋습니다.

2 냉장고에 넣어 보관한다.

tip 약 1주일 동안 보관이 가능합니다.

3 사용하기 직전 상온에 잠시 꺼내어 냉기를 뺀 다음 사용한다.

tip 너무 차가우면 아이싱이 되직하여 사용하기 어렵습니다.

알아 두면 좋은 시나몬 롤 찰떡 궁합

Cream Cheese Frosting

크림치즈 프로스팅

Ingredients & How to Make

[지름 10cm 시나몬 롤 6개 분량]

- □ 버터 24g
- □ 크림치즈 68g
- □ 슈거 파우더 28g
- □ 생크림 8g
- □ 우유 22g
- □ 소금 한 꼬집

1. 상온의 버터를 부드럽게 푼다.
2. 상온의 크림치즈를 넣어 가며 섞는다.
3. 슈거 파우더를 넣고 가루가 보이지 않을 때까지만 섞는다.
   tip 너무 오래 믹싱하면 묽게 완성되니 주의합니다.
4. 생크림과 우유, 소금 한 꼬집을 넣고 고루 섞는다.
5. 냉장 보관한 다음 사용하기 전 상온에 꺼내 냉기가 가시도록 한다.

1

2

4-1

4-2

5

Chapter
1

Ollirolli's Cinnamon Roll

올리롤리 시나몬 롤

Ollirolli's
Cinnamon Roll

Ollirolli's
1

Classic

클래식

오리지널이라고도 불리며 일반적으로 시나몬 롤을 생각했을 때 가장 먼저 떠오르는 제품입니다.
슈거 파우더로 만든 밀크 아이싱은 특유의 단맛이 있어요. 시나몬 롤에 들뜬 공간이 있으면
그 사이로 밀크 아이싱이 흐를 수 있으니 반죽을 단단하게 말아 성형하는 것이 중요합니다.
큼지막한 우박 설탕은 밀크 아이싱에 녹지 않도록 시간을 두었다 뿌립니다.

Ingredients [6개]

시나몬 롤			밀크 아이싱
액체 재료	**가루 재료**	□ 버터 60g	□ 슈거 파우더 147g
□ 전란 27g	□ 설탕 48g	□ 아몬드 크림Ⓐ 90g	□ 우유 26g
□ 노른자 27g	□ 소금 5g	□ 시나몬 필링Ⓑ 85g	□ 레몬즙 7g
□ 우유 100g	□ 박력분 50g	□ 견과류 3종Ⓒ 30g	
□ 생크림 15g	□ 강력분 195g		**마무리**
	□ 탈지분유 7g		□ 우박 설탕 적당량
	□ 드라이이스트 4g		

8
11
13
16
18-1
18-2
21-1
21-2
22

Classic

How to Make

시나몬 롤

1 믹서볼에 버터를 제외한 모든 재료를 넣고 저속으로 믹싱한다.
2 날가루가 거의 보이지 않을 정도로 섞이면 버터를 투입하고 계속해서 믹싱한다.
3 버터가 반죽에 섞여 거의 보이지 않을 때 속도를 높여 믹싱한다.
4 반죽이 한 덩어리로 뭉쳐지면 믹싱을 종료한다.
5 작업대에 덧가루를 뿌리고 반죽을 둥글리기한다.
6 볼에 담아 랩을 덮고 온도 28℃, 습도 70%의 발효실에서 약 1시간 동안 1차 발효시킨다.
7 가로 20㎝, 세로 70㎝ 직사각형으로 크게 밀어 편다.
8 밀어 편 반죽 위에 아몬드 크림(A)을 얇게 펴 바른다.
9 아몬드 크림 위에 시나몬 필링(B)을 뿌린 뒤 스크레이퍼를 이용해 고르게 편다.
10 견과류 3종(C)을 전체적으로 흩뿌린다.
11 아래쪽부터 조금씩 돌돌 만다. 끝까지 만 다음, 이음매가 풀리지 않도록 잘 꼬집어 마무리한다.
12 돌돌 말린 반죽에 자를 대고 4㎝ 간격으로 자국을 남긴다.
13 낚싯줄이나 치실을 이용해 6개로 재단한다.
14 베이킹 시트를 깐 베이킹 팬에 지름 10㎝ 무스 링을 6개 올리고 그 안에 재단한 시나몬 롤을 하나씩 넣는다.
15 비닐을 덮은 뒤 온도 28℃, 습도 70%의 발효실에서 약 1시간 정도 2차 발효시킨다.
16 180℃로 예열한 컨벡션 오븐에 넣고 170℃로 낮추어 16분 동안 굽는다.
17 오븐에서 꺼내자마자 무스 링을 제거하고 시나몬 롤은 식힘망으로 옮겨 식힌다.

밀크 아이싱

18 볼에 모든 재료를 넣고 잘 섞는다.
tip 양이 많을 때는 핸드믹서를 사용하면 좋습니다.
19 냉장고에 넣어 보관한다.
tip 약 1주일 동안 보관이 가능합니다.
20 사용하기 직전 상온에 잠시 꺼내어 냉기를 뺀 다음 사용한다.
tip 너무 차가우면 아이싱이 되직하여 사용하기 어렵습니다.

마무리

21 스푼으로 밀크 아이싱을 크게 한 스푼(약 30g) 떠 시나몬 롤의 윗면에 붓고 살짝 펴 바른다.
22 밀크 아이싱이 굳기 전에 우박 설탕을 뿌려 마무리한다.
tip 밀크 아이싱이 굳으면 우박 설탕이 붙지 않아요.

Chef's note

어떤 제품이 기본적인 제품이냐는 질문을 받을 때 추천드리는 제품이에요.
시나몬 롤을 검색하면 가장 많이 볼 수 있는 이미지이기도 하죠.
윗면에 뿌린 우박 설탕만 따로 챙겨 달라는 손님도 계십니다.

Ollirolli's
2

Churros

추로스

놀이공원에서 쉽게 볼 수 있는 추로스에서 착안해 롤 위에 시나몬 설탕을 뿌린 제품입니다.
손님들이 가장 많이 찾는 메뉴 중 하나이기도 하고 자신 있게 권하는 메뉴이기도 합니다.
토핑이 없어 롤 모양이 그대로 보이기 때문에 특별히 더 신경 써서 성형해야 합니다.

Ingredients [6개]

시나몬 롤			마무리
액체 재료	**가루 재료**	□ 버터 60g	□ 황설탕 70g
□ 전란 27g	□ 설탕 48g	□ 아몬드 크림 A 90g	□ 백설탕 46g
□ 노른자 27g	□ 소금 5g	□ 시나몬 필링 B 85g	□ 시나몬 파우더 4g
□ 우유 100g	□ 박력분 50g	□ 견과류 3종 C 30g	
□ 생크림 15g	□ 강력분 195g		
	□ 탈지분유 7g		
	□ 드라이이스트 4g		

7-1
7-2
9
12
15
17
18
19-1
19-2

Churros

How to Make

시나몬 롤

1 믹서볼에 버터를 제외한 모든 재료를 넣고 저속으로 믹싱한다.
2 날가루가 거의 보이지 않을 정도로 섞이면 버터를 투입하고 계속해서 믹싱한다.
3 버터가 반죽에 섞여 거의 보이지 않을 때 속도를 높여 믹싱한다.
4 반죽이 한 덩어리로 뭉쳐지면 믹싱을 종료한다.
5 작업대에 덧가루를 뿌리고 반죽을 둥글리기한다.
6 볼에 담아 랩을 덮고 온도 28℃, 습도 70%의 발효실에서 약 1시간 동안 1차 발효시킨다.
7 가로 20㎝, 세로 70㎝ 직사각형으로 크게 밀어 편다.
8 밀어 편 반죽 위에 아몬드 크림(A)을 얇게 펴 바른다.
9 아몬드 크림 위에 시나몬 필링(B)을 뿌린 뒤 스크레이퍼를 이용해 고르게 편다.
10 견과류 3종(C)을 전체적으로 흩뿌린다.
11 아래쪽부터 조금씩 돌돌 만다. 끝까지 만 다음, 이음매가 풀리지 않도록 잘 꼬집어 마무리한다.
12 돌돌 말린 반죽에 자를 대고 4㎝ 간격으로 자국을 남긴다.
13 낚싯줄이나 치실을 이용해 6개로 재단한다.
14 베이킹 시트를 깐 베이킹 팬에 지름 10㎝ 무스 링을 6개 올리고 그 안에 재단한 시나몬 롤을 하나씩 넣는다.
15 비닐을 덮은 뒤 온도 28℃, 습도 70%의 발효실에서 약 1시간 정도 2차 발효시킨다.
16 180℃로 예열한 컨벡션 오븐에 넣고 170℃로 낮추어 16분 동안 굽는다.
17 오븐에서 꺼내자마자 무스 링을 제거한다.

마무리

18 황설탕, 백설탕, 시나몬 파우더를 섞어 시나몬 설탕을 만든다.
tip 시나몬 롤을 묻히기 쉽도록 넉넉한 배합을 준비했습니다.
19 시나몬 롤이 완전히 식기 전, 살짝 온기가 있을 때 시나몬 설탕을 듬뿍 묻힌다.
tip 시나몬 롤이 완전히 식어 버리면 시나몬 설탕이 잘 붙지 않고 떨어집니다. 이 경우 빵을 비닐 봉투에 잠시 넣어 두면 빵 안쪽에서 나오는 수분으로 겉면이 다시 촉촉해 지니, 이때 설탕을 묻히면 됩니다.

시나몬 롤 기본 제품 중 하나입니다. 추로스 시나몬 롤 사진이 크게 들어간 입간판을 세워 두었는데, 그것과 같은 제품을 달라는 손님이 꽤 많았습니다. '노출이 곧 매출'이라는 카피라이트가 딱 맞는 말이라고 느꼈답니다.

Ollirolli's 3

Almond

아몬드

2차 발효 후 오븐에 들어가기 직전 아몬드 크림과 아몬드 슬라이스를 올려 굽는 메뉴로, 많이 달지 않은 시나몬 롤입니다. 윗면에 뿌린 순백색의 슈거 파우더가 소복이 쌓인 눈 같습니다. 아몬드 슬라이스는 떨어지지 않도록 살짝 눌러 붙이고 슈거 파우더는 빵의 열기에 녹지 않도록 충분히 식은 다음에 뿌려야 합니다.

Ingredients [6개]

토핑용 아몬드 크림	시나몬 롤		
	액체 재료	**가루 재료**	
□ 버터 25g	□ 전란 27g	□ 설탕 48g	□ 아몬드 크림 A 90g
□ 전란 18g	□ 노른자 27g	□ 소금 5g	□ 시나몬 필링 B 85g
□ 아몬드 파우더 25g	□ 우유 100g	□ 박력분 50g	□ 견과류 3종 C 30g
□ 슈거 파우더 23g	□ 생크림 15g	□ 강력분 195g	□ 아몬드 슬라이스 적당량
		□ 탈지분유 7g	**마무리**
		□ 드라이이스트 4g	□ 슈거 파우더 적당량
		□ 버터 60g	

9
10
11
13
14
17
18
19
22

Almond

How to Make

토핑용 아몬드 크림

1 p.16을 참고하여 토핑용 아몬드 크림을 만든다.
tip 이 때 반죽용 크림인 아몬드 크림(A)과 함께 계량해 만들면 편리합니다.

2 반죽용 크림인 아몬드 크림(A)과 함께 만들었다면 토핑용으로 절반을 덜어 둔다.

시나몬 롤

3 믹서볼에 버터를 제외한 모든 재료를 넣고 저속으로 믹싱한다.

4 날가루가 거의 보이지 않을 정도로 섞이면 버터를 투입하고 계속해서 믹싱한다.

5 버터가 반죽에 섞여 거의 보이지 않을 때 속도를 높여 믹싱한다.

6 반죽이 한 덩어리로 뭉쳐지면 믹싱을 종료한다.

7 작업대에 덧가루를 뿌리고 반죽을 둥글리기한다.

8 볼에 담아 랩을 덮고 온도 28℃, 습도 70%의 발효실에서 약 1시간 동안 1차 발효시킨다.

9 가로 20㎝, 세로 70㎝ 직사각형으로 크게 밀어 편다.

10 밀어 편 반죽 위에 아몬드 크림(A)을 얇게 펴 바른다.

11 아몬드 크림 위에 시나몬 필링(B)을 뿌린 뒤 스크레이퍼를 이용해 고르게 편다.

12 견과류 3종(C)을 전체적으로 흩뿌린다.

13 아래쪽부터 조금씩 돌돌 만다. 끝까지 만 다음, 이음매가 풀리지 않도록 잘 꼬집어 마무리한다.

14 돌돌 말린 반죽에 자를 대고 4㎝ 간격으로 자국을 남긴다.

15 낚싯줄이나 치실을 이용해 6개로 재단한다.

16 베이킹 시트를 깐 베이킹 팬에 지름 10㎝ 무스 링을 6개 올리고 그 안에 재단한 시나몬 롤을 하나씩 넣는다.

17 비닐을 덮은 뒤 온도 28℃, 습도 70%의 발효실에서 약 1시간 정도 2차 발효시킨다.

18 오븐에 넣기 직전 토핑용 아몬드 크림을 짤주머니에 담아 발효된 시나몬 롤 위에 15g씩 짠다.

19 아몬드 슬라이스를 적당량 뿌린다.
tip 컨벡션 오븐을 사용하는 경우, 아몬드 슬라이스를 살짝 눌러 붙여야 열풍에 날아가지 않습니다.

20 180℃로 예열한 컨벡션 오븐에 넣고 170℃로 낮추어 16분 동안 굽는다.

21 오븐에서 꺼내자마자 무스 링을 제거하고 시나몬 롤은 식힘망으로 옮겨 식힌다.

마무리

22 슈거 파우더를 뿌려 마무리한다.

오븐에 넣기 직전 아몬드 크림 짜는 것을 잊어버리거나 컨벡션 오븐의 열풍 때문에
아몬드 슬라이스 조각들이 날아가는 등 해프닝이 자주 일어났던 메뉴입니다.
덜 단 제품으로 자주 추천하는 메뉴이기도 하죠. 아몬드 크림은 반죽용과 토핑용을 함께 만들어 주세요.

Ollirolli's
4

Signature

시그니처

버터크림 플라워케이크 전문점 '올리케이크'에서 사용하는 당근케이크의 크림을 이용한 제품입니다.
케이크 크림이 만드는 미세한 층이 시나몬 롤 전체의 식감을 부드럽고 풍부하게 만듭니다.
당근케이크 크림이 없다면 일반 빵가루나 편의점에서 파는, 크림이 없는 케이크를 갈아 말려 사용하면 됩니다.

Ingredients [6개]

시나몬 롤		크림치즈 프로스팅	마무리
액체 재료	□ 강력분 195g	□ 버터 24g	□ 견과류 3종 Ⓒ 적당량
□ 전란 27g	□ 탈지분유 7g	□ 크림치즈 68g	□ 당근케이크 크림 적당량
□ 노른자 27g	□ 드라이이스트 4g	□ 슈거 파우더 28g	
□ 우유 100g	□ 버터 60g	□ 생크림 8g	
□ 생크림 15g		□ 우유 22g	
가루 재료	□ 아몬드 크림 Ⓐ 90g	□ 소금 한 꼬집	
□ 설탕 48g	□ 시나몬 필링 Ⓑ 85g		
□ 소금 5g	□ 당근케이크 크림 50g		
□ 박력분 50g	□ 견과류 3종 Ⓒ 30g		

2
3
4
6
12
14
16
17
18

Signature

How to Make

시나몬 롤

1 p.18을 참고해 시나몬 롤 반죽 만들기를 11번까지 진행한다.

2 아몬드 크림 위에 시나몬 필링(B)을 뿌려 얇게 편 뒤 견과류 3종(C)을 전체적으로 흩뿌린다.

3 당근케이크 크림을 전체적으로 올린다.

tip 당근케이크 크림은 수분이 많은 상태에서는 뭉칠 수 있으니 포슬포슬한 상태로 사용해야 합니다.

tip 당근케이크 레시피가 궁금하다면 『올리케이크의 버터크림 플라워, 비앤씨월드, 2023』를 참고하세요.

4 아래쪽부터 조금씩 돌돌 만다. 끝까지 만 다음, 이음매가 풀리지 않도록 잘 꼬집어 마무리한다.

5 돌돌 말린 반죽에 자를 대고 4㎝ 간격으로 자국을 남긴다.

6 낚싯줄이나 치실을 이용해 6개로 재단한다.

7 베이킹 시트를 깐 베이킹 팬에 지름 10㎝ 무스 링을 6개 올리고 그 안에 재단한 시나몬 롤을 하나씩 넣는다.

8 비닐을 덮은 뒤 온도 28℃, 습도 70%의 발효실에서 약 1시간 정도 2차 발효시킨다.

9 180℃로 예열한 컨벡션 오븐에 넣고 170℃로 낮추어 16분 동안 굽는다.

10 오븐에서 꺼내자마자 무스 링을 제거하고 시나몬 롤은 식힘망으로 옮겨 식힌다.

크림치즈 프로스팅

11 상온의 버터를 부드럽게 푼다.

12 상온의 크림치즈를 넣어 가며 섞는다.

13 슈거 파우더를 넣고 가루가 보이지 않을 때까지만 섞는다.

tip 너무 오래 믹싱하면 묽게 완성되니 주의합니다.

14 생크림과 우유, 소금 한 꼬집을 넣고 고루 섞는다.

15 냉장 보관한 다음 사용하기 전 상온에 꺼내 냉기가 가시도록 한다.

마무리

16 아이스크림 스쿠퍼를 이용해 크림치즈 프로스팅을 한 스쿱(약 25g) 떠 시나몬 롤 위에 얹는다.

17 고루 편 뒤 견과류 3종을 조금씩 올린다.

18 당근케이크 크림을 듬뿍 뿌려 마무리한다.

시그니처라고 이름 붙은 제품은 당연히 가게의 대표 메뉴로 인식됩니다. 손님들이 주저 없이 고를 확률이 아주 크죠. 주인장이 추천하는 메뉴에 대한 손님들의 신뢰가 있다는 거예요. 때문에 마케팅 수단으로 적절히 활용하면 좋습니다. 물론 그만큼 제품에도 자신이 있어야겠죠.

Ollirolli's
5

Blueberry

블루베리

상큼하고 달콤한데다 비주얼이 예뻐 여성 고객이 많이 찾는 메뉴입니다. 크림치즈 프로스팅에 블루베리 잼을 완전히 섞어 보라색으로 만들어도 좋고, 가볍게 섞어 마블 모양을 내도 좋습니다. 블루베리 잼은 블루베리 콩포트를 만드는 과정에서 자연스럽게 만들어지므로 따로 구입하지 않아도 괜찮습니다. 마지막에 올리는 블루베리 콩포트가 마르지 않도록 비닐을 덮습니다.

Ingredients [6개]

시나몬 롤		블루베리 콩포트와 잼	크림치즈 프로스팅
액체 재료	□ 강력분 195g	□ 냉동 블루베리 100g	□ 버터 24g
□ 전란 27g	□ 탈지분유 7g	□ 설탕 22g	□ 크림치즈 68g
□ 노른자 27g	□ 드라이이스트 4g	□ 소금 0.2g	□ 슈거 파우더 28g
□ 우유 100g	□ 버터 60g	□ 옥수수 전분 0.9g	□ 생크림 8g
□ 생크림 15g	□ 아몬드 크림 A 90g	□ 레몬즙 4.2g	□ 우유 22g
가루 재료	□ 시나몬 필링 B 85g		□ 소금 한 꼬집
□ 설탕 48g	□ 견과류 3종 C 30g		
□ 소금 5g			
□ 박력분 50g			

2
6
10
13
15
16
23-1
23-2
24

Blueberry

How to Make

시나몬 롤

1 p.18을 참고해 시나몬 롤 반죽을 만들어 약 1시간 동안 1차 발효시킨다.
2 가로 20㎝, 세로 70㎝ 직사각형으로 크게 밀어 편다.
3 밀어 편 반죽 위에 아몬드 크림(A)을 얇게 펴 바른다.
4 아몬드 크림 위에 시나몬 필링(B)을 뿌린 뒤 스크레이퍼를 이용해 고르게 편다.
5 견과류 3종(C)을 전체적으로 흩뿌린다.
6 아래쪽부터 조금씩 돌돌 만다. 끝까지 만 다음, 이음매가 풀리지 않도록 잘 꼬집어 마무리한다.
7 돌돌 말린 반죽에 자를 대고 4㎝ 간격으로 자국을 남긴다.
8 낚싯줄이나 치실을 이용해 6개로 재단한다.
9 베이킹 시트를 깐 베이킹 팬에 지름 10㎝ 무스 링을 6개 올리고 그 안에 재단한 시나몬 롤을 하나씩 넣는다.
10 비닐을 덮은 뒤 온도 28℃, 습도 70%의 발효실에서 약 1시간 정도 2차 발효시킨다.
11 180℃로 예열한 컨벡션 오븐에 넣고 170℃로 낮추어 16분 동안 굽는다.
12 오븐에서 꺼내자마자 무스 링을 제거하고 시나몬 롤은 식힘망으로 옮겨 식힌다.

블루베리 콩포트와 잼

13 냄비에 냉동 블루베리와 설탕을 넣고 바글바글 끓을 때까지 가열한다.
14 온도를 낮추고 소금, 옥수수 전분, 레몬즙을 넣고 섞는다.
15 불에서 내린 뒤 체에 거른다. 거른 과육을 콩포트로 사용한다.
16 거르고 남은 시럽은 다시 냄비에 넣고 조금 더 가열해 잼으로 만든다.
tip 적은 양을 만들 때는 이 공정을 생략해도 괜찮습니다.

크림치즈 프로스팅

17 상온의 버터를 부드럽게 푼다.
18 상온의 크림치즈를 넣어 가며 섞는다.
19 슈거 파우더를 넣고 가루가 보이지 않을 때까지만 섞는다.
tip 너무 오래 믹싱하면 묽게 완성되니 주의합니다.
20 생크림과 우유, 소금 한 꼬집을 넣고 고루 섞는다.
21 냉장 보관한 다음 사용하기 전 상온에 꺼내 냉기가 가시도록 한다.

마무리

22 아이스크림 스쿠퍼를 이용해 크림치즈 프로스팅을 한 스쿱 떠 시나몬 롤 위에 얹는다.
23 블루베리 잼을 1티스푼(약 5g)씩 올린 뒤 고루 펼치며 마블 모양을 만든다.
24 블루베리 콩포트를 올려 마무리한다.

블루베리는 생과보다 냉동 제품을 추천합니다.
좋은 품질의 제품을 일정한 가격으로 구할 수 있고 보관도 쉽거든요.

Ollirolli's
6

Sunny Lemon

써니 레몬

반짝반짝한 레몬 커드가 예뻐 여성 고객에게 인기가 많은 제품입니다. 레몬 커드의 산미가 시나몬 롤의 기름진 맛을 덜어 내고 단맛을 중화시켜 입안을 상쾌하게 만듭니다.
레몬 커드는 시간이 지나면 광택이 사라지지만 반대로 어느 정도 굳지 않으면 포장하기 어렵습니다.
싱그러운 타임이나 로즈마리 등의 허브, 말린 레몬 슬라이스를 올리면 더욱 화사하게 연출할 수 있습니다.

Ingredients [6개]

시나몬 롤		레몬 커드	마무리
액체 재료	□ 강력분 195g	□ 레몬즙 52g	□ 타임 적당량
□ 전란 27g	□ 탈지분유 7g	□ 설탕 44g	
□ 노른자 27g	□ 드라이이스트 4g	□ 전란 44g	
□ 우유 100g	□ 버터 60g	□ 오렌지주스 6g	
□ 생크림 15g		□ 버터 34g	
가루 재료	□ 아몬드 크림 A 90g		
□ 설탕 48g	□ 시나몬 필링 B 85g		
□ 소금 5g	□ 견과류 3종 C 30g		
□ 박력분 50g			

5
11
13
18-1
18-2
19-1
19-2
20
22

Sunny Lemon

How to Make

시나몬 롤

1 믹서볼에 버터를 제외한 모든 재료를 넣고 저속으로 믹싱한다.
2 날가루가 거의 보이지 않을 정도로 섞이면 버터를 투입하고 계속해서 믹싱한다.
3 버터가 반죽에 섞여 거의 보이지 않을 때 속도를 높여 믹싱한다.
4 반죽이 한 덩어리로 뭉쳐지면 믹싱을 종료한다.
5 작업대에 덧가루를 뿌리고 반죽을 둥글리기한다.
6 볼에 담아 랩을 덮고 온도 28℃, 습도 70%의 발효실에서 약 1시간 동안 1차 발효시킨다.
7 가로 20㎝, 세로 70㎝ 직사각형으로 크게 밀어 편다.
8 밀어 편 반죽 위에 아몬드 크림(A)을 얇게 펴 바른다.
9 아몬드 크림 위에 시나몬 필링(B)을 뿌린 뒤 스크레이퍼를 이용해 고르게 편다.
10 견과류 3종(C)을 전체적으로 흩뿌린다.
11 아래쪽부터 조금씩 돌돌 만다. 끝까지 만 다음, 이음매가 풀리지 않도록 잘 꼬집어 마무리한다.
12 돌돌 말린 반죽에 자를 대고 4㎝ 간격으로 자국을 남긴다.
13 낚싯줄이나 치실을 이용해 6개로 재단한다.
14 베이킹 시트를 깐 베이킹 팬에 지름 10㎝ 무스 링을 6개 올리고 그 안에 재단한 시나몬 롤을 하나씩 넣는다.
15 비닐을 덮은 뒤 온도 28℃, 습도 70%의 발효실에서 약 1시간 정도 2차 발효시킨다.
16 180℃로 예열한 컨벡션 오븐에 넣고 170℃로 낮추어 16분 동안 굽는다.
17 오븐에서 꺼내자마자 무스 링을 제거하고 시나몬 롤은 식힘망으로 옮겨 식힌다.

레몬 커드

18 냄비에 레몬즙, 설탕, 전란, 오렌지주스를 담고 중탕물 위에 올려 저어 가며 가열한다.
19 설탕이 녹고 전체적으로 걸쭉해지면 불을 끄고 버터를 넣어 녹인다.

마무리

20 숟가락을 이용해 레몬 커드를 시나몬 롤 위에 듬뿍(약 30g) 올린다.
21 레몬 커드를 고루 펴 흘러내리도록 연출한다.
22 타임을 올려 마무리한다.

네이밍의 힘을 느낀 제품입니다. 이 제품의 이름이 단순히 '레몬 시나몬 롤'이었다면
이 정도의 인기를 얻진 못했을 거예요. '써니 레몬'.
듣자마자 화창한 날 노랗게 익은 새콤달콤 산뜻한 레몬 맛이 입안에 감도는 듯합니다.

Ollirolli's
7

Maple Pecan

메이플 피칸

베이킹에 메이플시럽을 사용하면 백전백승이지요. 메이플 아이싱의 부드러운 맛, 바삭한 피칸의 고소한 맛, 캐러멜 시럽의 짙은 단맛이 어우러져 풍부한 맛이 납니다. 피칸은 미리 구워 올려야 깔끔하며 분태와 반태를 섞으면 볼륨뿐만 아니라 씹는 맛도 살릴 수 있습니다.

Ingredients [6개]

시나몬 롤		메이플 아이싱	마무리
액체 재료 □ 전란 27g □ 노른자 27g □ 우유 100g □ 생크림 15g **가루 재료** □ 설탕 48g □ 소금 5g □ 박력분 50g	□ 강력분 195g □ 탈지분유 7g □ 드라이이스트 4g --- □ 버터 60g --- □ 아몬드 크림 A 90g □ 시나몬 필링 B 85g □ 견과류 3종 C 30g	□ 크림치즈 프로스팅 30g □ 슈거파우더 117g □ 우유 20g □ 레몬즙 4g □ 메이플시럽 9g	□ 피칸 분태 적당량 □ 피칸 6개 □ 캐러멜 소스 적당량

7
9
13
19-1
19-2
19-3
21
22
23

Maple Pecan

How to Make

시나몬 롤

1 믹서볼에 버터를 제외한 모든 재료를 넣고 저속으로 믹싱한다.

2 날가루가 거의 보이지 않을 정도로 섞이면 버터를 투입하고 계속해서 믹싱한다.

3 버터가 반죽에 섞여 거의 보이지 않을 때 속도를 높여 믹싱한다.

4 반죽이 한 덩어리로 뭉쳐지면 믹싱을 종료한다.

5 작업대에 덧가루를 뿌리고 반죽을 둥글리기한다.

6 볼에 담아 랩을 덮고 온도 28℃, 습도 70%의 발효실에서 약 1시간 동안 1차 발효시킨다.

7 가로 20㎝, 세로 70㎝ 직사각형으로 크게 밀어 편다.

8 밀어 편 반죽 위에 아몬드 크림(A)을 얇게 펴 바른다.

9 아몬드 크림 위에 시나몬 필링(B)을 뿌린 뒤 스크레이퍼를 이용해 고르게 편다.

10 견과류 3종(C)을 전체적으로 흩뿌린다.

11 아래쪽부터 조금씩 돌돌 만다. 끝까지 만 다음, 이음매가 풀리지 않도록 잘 꼬집어 마무리한다.

12 돌돌 말린 반죽에 자를 대고 4㎝ 간격으로 자국을 남긴다.

13 낚싯줄이나 치실을 이용해 6개로 재단한다.

14 베이킹 시트를 깐 베이킹 팬에 지름 10㎝ 무스 링을 6개 올리고 그 안에 재단한 시나몬 롤을 하나씩 넣는다.

15 비닐을 덮은 뒤 온도 28℃, 습도 70%의 발효실에서 약 1시간 정도 2차 발효시킨다.

16 180℃로 예열한 컨벡션 오븐에 넣고 170℃로 낮추어 16분 동안 굽는다.

17 오븐에서 꺼내자마자 무스 링을 제거하고 시나몬 롤은 식힘망으로 옮겨 식힌다.

메이플 아이싱

18 p.23을 참고해 크림치즈 프로스팅을 만든다.

19 볼에 모든 재료를 넣은 다음 주걱으로 잘 섞는다.

마무리

20 숟가락을 이용해 메이플 아이싱을 시나몬 롤 위에 듬뿍(약 30g씩) 올린다.

21 메이플 아이싱을 고루 펴 흘러내리도록 연출한다.

22 피칸 분태를 듬뿍 올린 다음 통 피칸 하나를 부숴 장식한다.

23 캐러멜 소스를 뿌려 마무리한다.

Chef's note

메뉴가 다양해서 고르기 어려워하는 손님들을 위해 매장 한쪽에 추천 메뉴를 적어 두었는데요, 특히나 처음 방문하시는 분들이 많이 참고하는 편입니다. 진한 고소함과 씹는 맛이 좋은 메이플 피칸은 남성분들을 위한 추천 메뉴랍니다.

OLLIROLLI
MY DEAR CINNAMON ROLLS

Ollirolli's
8

Cinnamon Blast

시나몬 블래스트

더욱 더 깊은 시나몬을 원하는 분들을 위한 특별 메뉴. 오롯이 시나몬 향만을 어필하기 위해 다른 토핑이나 부가 재료를 덜어 내고 크림치즈 프로스팅과 시나몬 파우더로 깔끔하게 마무리했습니다.

Ingredients [6개]

시나몬 롤		크림치즈 프로스팅	마무리
액체 재료	□ 강력분 195g	□ 버터 24g	□ 시나몬 파우더 적당량
□ 전란 27g	□ 탈지분유 7g	□ 크림치즈 68g	
□ 노른자 27g	□ 드라이이스트 4g	□ 슈거 파우더 28g	
□ 우유 100g	□ 버터 60g	□ 생크림 8g	
□ 생크림 15g		□ 우유 22g	
가루 재료	□ 아몬드 크림 A 90g	□ 소금 한 꼬집	
□ 설탕 48g	□ 시나몬 필링 B 85g		
□ 소금 5g	□ 시나몬 파우더 20g		
□ 박력분 50g	□ 견과류 3종 C 30g		

1-1
1-2
1-3
2
3-1
3-2
6
16
17

Cinnamon Blast

How to Make

시나몬 롤

1 p.18을 참고해 시나몬 롤 반죽 만들기를 13번까지 진행한다.
2 시나몬 파우더를 덧뿌린다.
3 아래쪽부터 조금씩 돌돌 만다. 끝까지 만 다음, 이음매가 풀리지 않도록 잘 꼬집어 마무리한다.
4 돌돌 말린 반죽에 자를 대고 4㎝ 간격으로 자국을 남긴다.
5 낚싯줄이나 치실을 이용해 6개로 재단한다.
6 베이킹 시트를 깐 베이킹 팬에 지름 10㎝ 무스 링을 6개 올리고 그 안에 재단한 시나몬 롤을 하나씩 넣는다.
7 비닐을 덮은 뒤 온도 28℃, 습도 70%의 발효실에서 약 1시간 정도 2차 발효시킨다.
8 180℃로 예열한 컨벡션 오븐에 넣고 170℃로 낮추어 16분 동안 굽는다.
9 오븐에서 꺼내자마자 무스 링을 제거하고 시나몬 롤은 식힘망으로 옮겨 식힌다.

크림치즈 프로스팅

10 상온의 버터와 크림치즈를 각각 부드럽게 푼다.
11 버터와 크림치즈를 합쳐 잘 섞는다.
12 슈거 파우더를 넣고 가루가 보이지 않을 때까지만 섞는다.
13 생크림과 우유, 소금 한 꼬집을 넣고 고루 섞는다.
14 냉장 보관한 다음 사용하기 전 상온에 꺼내 냉기가 가시도록 한다.

마무리

15 아이스크림 스쿠퍼를 이용해 크림치즈 프로스팅을 한 스쿱 떠 시나몬 롤 위에 얹는다.
tip 시나몬 롤이 완전히 식기 전에 작업해 크림치즈 프로스팅이 자연스럽게 녹아 흐르도록 합니다.
16 숟가락으로 고루 펼친다.
17 크림치즈 프로스팅이 살짝 마르면 시나몬 파우더를 체 쳐 뿌려 마무리한다.
tip 크림치즈 프로스팅의 수분으로 시나몬 파우더가 번질 수 있으니 주의합니다.

시나몬 롤은 기본적으로 시나몬을 좋아하는 분들이 찾지만
가끔 '시나몬 향이 너무 약하다'고 하는 손님들도 계십니다.
그 의견을 반영해 도전적으로 준비한 메뉴입니다.

Ollirolli's
9

Olli-presso

올리프레소

다른 시나몬 롤 가게에서는 절대 찾아볼 수 없는 '올리롤리'만의 특별한 메뉴 중 하나입니다.
한 입 베어 물었을 때 느꼈으면 하는 모든 맛을 구현하고자 오랜 기간 개발에 전념했어요.
아몬드 크림에는 커피 소스를 타고, 크림치즈에는 버터스카치 소스를 섞은 뒤 절묘하게 잘 어우러지는
다양한 토핑을 듬뿍 올렸습니다. 자신 있게 추천하는 메뉴예요.

Ingredients [6개]

커피 소스	버터스카치 크림치즈 프로스팅	시나몬 롤	
□ 우유 10g	□ 버터A 24g	**액체 재료**	□ 버터 60g
□ 커피 분말 5g	□ 크림치즈 68g	□ 전란 27g	□ 아몬드 크림 Ⓐ 90g
커피 크럼블	□ 슈거 파우더 28g	□ 노른자 27g	□ 시나몬 필링 Ⓑ 85g
	□ 생크림 8g	□ 우유 100g	□ 견과류 3종 Ⓒ 30g
□ 박력분 39g	□ 우유 22g	□ 생크림 15g	
□ 설탕 39g	□ 소금 한 꼬집	**가루 재료**	**마무리**
□ 버터 39g		□ 설탕 48g	□ 커피 빈 파우더 적당량
□ 커피 엑기스 6g	□ 버터B 8g	□ 소금 5g	□ 밀크초콜릿 적당량
□ 아몬드 파우더 21g	□ 흑설탕 13g	□ 박력분 50g	□ 캐러멜 스프린터 적당량
	□ 생크림 7g	□ 강력분 195g	
	□ 커피 엑기스 2g	□ 탈지분유 7g	
		□ 드라이이스트 4g	

2
4
5
10-1
10-2
12
15
20
27

Olli-presso

How to Make

커피 소스

1 우유를 전자레인지에 15초 정도 돌려 따뜻하게 덥힌다.

2 커피 분말을 넣고 잘 녹인다.

3 너무 뜨겁지 않도록 잘 식혀 둔다.

커피 크럼블

4 푸드프로세서에 모든 재료를 넣고 굵은 모래 입자 정도로 간다.

tip 버터는 차가운 상태로 준비해 넣습니다.

tip 가루가 되었을 때 멈춥니다. 너무 오래 갈아 한 덩어리로 뭉치지 않도록 주의합니다.

5 내용물을 꺼내 보슬보슬한 크럼블 상태가 될 때까지 손으로 비빈다.

6 냉동고에서 1일 동안 보관한다.

7 베이킹 시트를 깐 베이킹 팬에 펼쳐 140℃의 컨벡션 오븐에서 15~20분 정도 굽는다.

tip 5분에 한 번씩 꺼내 주걱으로 뒤적이며 색과 크기를 고르게 맞춥니다.

버터스카치 크림치즈 프로스팅

8 p.23을 참고해 크림치즈 프로스팅을 만든다.

9 냄비에 버터B를 넣고 완전히 녹인다.

10 흑설탕과 생크림을 넣고 부글부글 끓을 때까지 주걱으로 저으며 가열한다.

11 불에서 내린 뒤 커피 엑기스를 넣고 섞어 버터스카치 소스를 만든다.

12 완성된 버터스카치 소스를 완전히 식힌 뒤 크림치즈 프로스팅에 넣고 잘 섞는다.

시나몬 롤

13 p.18을 참고해 시나몬 롤 반죽 만들기를 10번까지 진행한다.

14 아몬드 크림(A)에 커피 소스를 넣어 섞는다.

15 밀어 편 반죽 위에 커피 소스를 섞은 아몬드 크림(A)을 얇게 펴 바른다.

16 아몬드 크림 위에 시나몬 필링(B)을 뿌린 뒤 스크레이퍼를 이용해 고르게 편다.

17 견과류 3종(C)을 전체적으로 흩뿌린다.

18 아래쪽부터 조금씩 돌돌 만다. 끝까지 만 다음, 이음매가 풀리지 않도록 잘 꼬집어 마무리한다.

19 돌돌 말린 반죽에 자를 대고 4㎝ 간격으로 자국을 남긴다.

20 낚싯줄이나 치실을 이용해 6개로 재단한다.

21 베이킹 시트를 깐 베이킹 팬에 지름 10㎝ 무스 링을 6개 올리고 그 안에 재단한 시나몬 롤을 하나씩 넣는다.

22 비닐을 덮은 뒤 온도 28℃, 습도 70%의 발효실에서 약 1시간 정도 2차 발효시킨다.

23 180℃로 예열한 컨벡션 오븐에 넣고 170℃로 낮추어 16분 동안 굽는다.

24 오븐에서 꺼내자마자 무스 링을 제거하고 시나몬 롤은 식힘망으로 옮겨 식힌다.

마무리

25 아이스크림 스쿠퍼를 이용해 버터스카치 크림치즈 프로스팅을 한 스쿱 떠 시나몬 롤 위에 얹는다.

26 고루 편 뒤 커피 크럼블과 커피 빈 파우더를 뿌린다.

27 밀크초콜릿을 올리고 캐러멜 스프린터를 뿌린다.

Chef's note

버터스카치 크림치즈 프로스팅과 커피 크럼블은 책에 적힌 분량의 2~3배 배합으로 늘려 만드는 것이 좋습니다. 이 레시피는 제품 6개에 맞춘 배합이지만 실제로 이렇게 적은 양을 만들기는 어렵기 때문이에요.

Ollirolli's
10

Chocolate

쇼콜라

초콜릿 맛은 기본 중의 기본. 매장 오픈 당시부터 매대를 지켜온 스테디셀러 중 하나입니다.
초콜릿을 좋아하는 사람들을 위해 시나몬과의 앙상블을 고려했으며 다른 제품들에 비해서 색이 어둡기 때문에 붉은 체리를 올려 포인트를 주었습니다. 초콜릿과 잘 어울리는 오렌지, 딸기를 올려도 좋습니다.
누텔라 잼과 따뜻한 아몬드 크림을 섞을 때는 분리될 수 있으니 주의해야 합니다.

Ingredients [6개]

시나몬 롤		초콜릿 가나슈	마무리
액체 재료	□ 탈지분유 7g	□ 생크림 70g	□ 초코볼 12알
□ 전란 27g	□ 드라이이스트 4g	□ 다크초콜릿 30g	□ 통조림 체리 6개
□ 노른자 27g	□ 버터 60g	□ 밀크초콜릿 30g	□ 파이테 푀이틴 적당량
□ 우유 100g	□ 아몬드 크림 A 90g	□ 누텔라 잼 40g	
□ 생크림 15g	□ 누텔라 잼 30g		
가루 재료	□ 시나몬 필링 B 85g		
□ 설탕 48g	□ 초코케이크 크림 30g		
□ 소금 5g	□ 견과류 3종 C 30g		
□ 박력분 50g	□ 초코칩 30g		
□ 강력분 195g			

9
11
12
14
20
21
22
23
24

Chocolate

How to Make

시나몬 롤

1 믹서볼에 버터를 제외한 모든 재료를 넣고 저속으로 믹싱한다.
2 날가루가 거의 보이지 않을 정도로 섞이면 버터를 투입하고 계속해서 믹싱한다.
3 버터가 반죽에 섞여 거의 보이지 않을 때 속도를 높여 믹싱한다.
4 반죽이 한 덩어리로 뭉쳐지면 믹싱을 종료한다.
5 작업대에 덧가루를 뿌리고 반죽을 둥글리기한다.
6 볼에 담아 랩을 덮고 온도 28℃, 습도 70%의 발효실에서 약 1시간 동안 1차 발효시킨다.
7 가로 20㎝, 세로 70㎝ 직사각형으로 크게 밀어 편다.
8 아몬드 크림(A)에 누텔라 잼을 섞는다.
9 밀어 편 반죽 위에 누텔라 잼을 섞은 아몬드 크림(A)을 얇게 펴 바른다.
10 시나몬 필링(B)을 뿌린 뒤 스크레이퍼를 이용해 고르게 편다.
11 초코케이크 크럼, 견과류 3종(C), 초코칩을 전체적으로 흩뿌린다.
12 아래쪽부터 조금씩 돌돌 만다. 끝까지 만 다음, 이음매가 풀리지 않도록 잘 꼬집어 마무리한다.
13 돌돌 말린 반죽에 자를 대고 4㎝ 간격으로 자국을 남긴다.
14 낚싯줄이나 치실을 이용해 6개로 재단한다.
15 베이킹 시트를 깐 베이킹 팬에 지름 10㎝ 무스 링을 6개 올리고 그 안에 재단한 시나몬 롤을 하나씩 넣는다.
16 비닐을 덮은 뒤 온도 28℃, 습도 70%의 발효실에서 약 1시간 정도 2차 발효시킨다.
17 180℃로 예열한 컨벡션 오븐에 넣고 170℃로 낮추어 16분 동안 굽는다.
18 오븐에서 꺼내자마자 무스 링을 제거하고 시나몬 롤은 식힘망으로 옮겨 완전히 식힌다.
tip 시나몬 롤을 완전히 식히지 않으면 초콜릿 가나슈가 녹아내릴 수 있어요.

초콜릿 가나슈

19 생크림을 볼에 담아 중탕물에 올려 60~70℃까지 데운다.
20 데운 생크림에 초콜릿 두 종류를 넣고 잘 녹인다.
21 완전히 식으면 누텔라 잼을 넣고 섞는다.

마무리

22 아이스크림 스쿠퍼를 이용해 초콜릿 가나슈를 한 스쿱 떠 시나몬 롤 위에 얹는다.
23 고루 편 뒤 반으로 자른 초코볼을 올린다.
24 통조림 체리의 물기를 제거해 올린 다음 파이테 푀이틴을 뿌려 마무리한다.

Chef's note

'올리롤리'를 오픈하고 얼마 지나지 않았을 때, 한 손님이 6개월 내내 매주 쇼콜라 시나몬 롤을 구매해 가셨어요. 이후에는 신 메뉴가 출시될 때마다 오셨죠. 지금은 이분과 가까운 친구가 되었답니다. 단골 손님을 떠올리게 하는 메뉴예요.

Ollirolli's
11

Caramel Nuts

캐러멜 넛츠

여행 중 들른 한 빵집에서 본, 캐러멜 소스와 견과류가 듬뿍 올라간 크루아상을 모티프로 만든 메뉴입니다. 반짝반짝 빛나는 캐러멜 소스가 먹음직스러워요. 토핑으로 올리는 견과류는 반드시 구워서 사용해야 바삭하고 고소한 맛을 냅니다. 캐러멜 소스를 만들 때는 화상에 주의해 중불에서 천천히 만들도록 하세요.

Ingredients [6개]

시나몬 롤		캐러멜 소스	마무리
액체 재료 ☐ 전란 27g ☐ 노른자 27g ☐ 우유 100g ☐ 생크림 15g **가루 재료** ☐ 설탕 48g ☐ 소금 5g ☐ 박력분 50g	☐ 강력분 195g ☐ 탈지분유 7g ☐ 드라이이스트 4g ☐ 버터 60g ☐ 아몬드 크림 A 90g ☐ 시나몬 필링 B 85g ☐ 견과류 3종 C 30g	☐ 설탕 93g ☐ 생크림 66g ☐ 버터 20g ☐ 소금 1g	☐ 캐슈넛 적당량 ☐ 헤이즐넛 적당량 ☐ 피칸 적당량 ☐ 아몬드 슬라이스 적당량 ☐ 피스타치오 분태 적당량

4
6
10
14
15
17
19
20
21

Caramel Nuts

How to Make

시나몬 롤

1 p.18을 참고해 시나몬 롤 반죽을 만들어 약 1시간 동안 1차 발효시킨다.
2 가로 20㎝, 세로 70㎝ 직사각형으로 크게 밀어 편다.
3 밀어 편 반죽 위에 아몬드 크림(A)을 얇게 펴 바른다.
4 아몬드 크림 위에 시나몬 필링(B)을 뿌린 뒤 스크레이퍼를 이용해 고르게 편다.
5 견과류 3종(C)을 전체적으로 흩뿌린다.
6 아래쪽부터 조금씩 돌돌 만다. 끝까지 만 다음, 이음매가 풀리지 않도록 잘 꼬집어 마무리한다.
7 돌돌 말린 반죽에 자를 대고 4㎝ 간격으로 자국을 남긴다.
8 낚싯줄이나 치실을 이용해 6개로 재단한다.
9 베이킹 시트를 깐 베이킹 팬에 지름 10㎝ 무스 링을 6개 올리고 그 안에 재단한 시나몬 롤을 하나씩 넣는다.
10 비닐을 덮은 뒤 온도 28℃, 습도 70%의 발효실에서 약 1시간 정도 2차 발효시킨다.
11 180℃로 예열한 컨벡션 오븐에 넣고 170℃로 낮추어 16분 동안 굽는다.
12 오븐에서 꺼내자마자 무스 링을 제거하고 시나몬 롤은 식힘망으로 옮겨 식힌다.

캐러멜 소스

13 냄비에 설탕을 넣고 완전히 녹아 갈색이 될 때까지 중불에서 천천히 가열한다.
tip 강한 불에서 너무 빨리 녹이면 설탕이 타거나 불균일하게 녹아 질 좋은 캐러멜을 만들 수 없습니다.
tip 녹이는 동안 되도록 주걱으로 젓지 않습니다. 휘젓는 등의 물리적 마찰이 가해지면 설탕이 결정화되어 소스 전체가 굳어버릴 수 있기 때문입니다.
tip 어두운 갈색이 될 정도로 태우면 쓴맛이 강할 수 있으니 색이 너무 짙어지지 않도록 주의합니다.
14 뜨겁게 데운 생크림을 부어 고루 섞는다.
tip 냄비에 넣는 순간 내용물이 순식간에 끓어오르니 주의합니다.
15 버터와 소금을 넣고 녹을 때까지 잘 젓는다.
16 불에서 내린 뒤 완전히 식혀 밀폐 용기에 보관한다.
tip 냉장고에서 1~2주 정도 보관이 가능합니다.

마무리

17 캐슈넛, 헤이즐넛, 피칸을 130℃의 오븐에서 20분 정도 로스팅한다.
18 로스팅한 견과류와 아몬드 슬라이스를 섞고 캐러멜 소스를 조금 부어 버무린다.
19 시나몬 롤의 윗면을 캐러멜 소스에 담갔다 뺀다.
20 18의 견과류를 한 스푼 크게 떠 올려 윗면에 얹는다.
21 피스타치오 분태를 뿌려 마무리한다.

Chef's note

시나몬 롤은 시나몬 향이 강해 다른 부재료가 잘 어울리지 않을 것 같지만
의외로 이것저것 다 잘 어울린답니다. 다른 빵과자들이 어떤 식으로 응용되는지 관찰해 보세요.

Ollirolli's
12

Elvis

엘비스

로큰롤의 황제 엘비스가 평소 즐겨 먹었다는 샌드위치(토스트한 식빵에 피넛버터를 바르고 슬라이스한 바나나를 끼운 것)를 시나몬 롤에 접목시킨 메뉴입니다. 미국에서 특히 인기 있는 조합으로, 바나나의 자연스러운 단맛과 피넛버터의 고소하고 짭짤한 풍미가 매우 잘 어우러집니다. 과하다 싶을 만큼 듬뿍 올라간 토핑이 부담스러울 법도 한데 매장에서 아주 인기가 많은 제품이랍니다.

Ingredients [6개]

시나몬 롤		캔디드 캐슈넛	피넛버터 소스
액체 재료	□ 드라이이스트 4g	□ 흰자 10g	□ 슈거 파우더 48g
□ 전란 27g	□ 버터 60g	□ 바닐라 익스트랙트 2g	□ 우유A 9g
□ 노른자 27g	□ 아몬드 크림Ⓐ 90g	□ 황설탕 20g	□ 레몬즙 3g
□ 우유 100g	□ 시나몬 필링Ⓑ 85g	□ 소금 한 꼬집	□ 청크 피넛버터 잼 60g
□ 생크림 15g	□ 견과류 3종Ⓒ 30g	□ 캐슈넛 50g	□ 우유B 20g
가루 재료	□ 초코칩 30g	□ 피넛 50g	**마무리**
□ 설탕 48g	□ 바나나 300g		□ 롤 바나나 칩 18개
□ 소금 5g			□ 바나나 칩 12~18개
□ 박력분 50g			□ 캐러멜 소스 적당량
□ 강력분 195g			□ 초콜릿 소스 적당량
□ 탈지분유 7g			

2
3
5
10
11
12
14
18-1
18-2

Elvis

How to Make

시나몬 롤

1 p.18을 참고해 시나몬 롤 반죽 만들기를 13번까지 진행한다.
2 초코칩과 적당한 크기로 자른 바나나를 뿌린다.
3 아래쪽부터 조금씩 돌돌 만다. 끝까지 만 다음, 이음매가 풀리지 않도록 잘 꼬집어 마무리한다.
4 돌돌 말린 반죽에 자를 대고 4㎝ 간격으로 자국을 남긴다.
5 낚싯줄이나 치실을 이용해 6개로 재단한다.
6 베이킹 시트를 깐 베이킹 팬에 지름 10㎝ 무스 링을 6개 올리고 그 안에 재단한 시나몬 롤을 하나씩 넣는다.
7 비닐을 덮은 뒤 온도 28℃, 습도 70%의 발효실에서 약 1시간 정도 2차 발효시킨다.
8 180℃로 예열한 컨벡션 오븐에 넣고 170℃로 낮추어 16분 동안 굽는다.
9 오븐에서 꺼내자마자 무스 링을 제거하고 시나몬 롤은 식힘망으로 옮겨 식힌다.

캔디드 캐슈넛

10 볼에 흰자를 넣고 손거품기로 휘저어 적당히 거품을 낸 다음 바닐라 익스트랙트를 소량 넣고 섞는다.
11 황설탕과 소금을 넣고 잘 섞은 다음 캐슈넛과 피칸을 넣고 버무린다.
12 베이킹 팬 위에 올려 140℃의 오븐에서 약 16분 동안 굽는다.
tip 8분이 지나면 오븐에서 꺼내 주걱으로 고루 섞은 다음 다시 오븐에 넣고 마저 굽습니다.
tip 완전히 식으면 밀폐 용기에 담아 냉동고에서 2주 동안 보관할 수 있습니다.

피넛버터 소스

13 볼에 슈거 파우더, 우유A, 레몬즙을 넣고 잘 섞는다.
14 청크 피넛버터 잼과 우유B를 넣고 잘 섞는다.
15 냉장고에 넣어 보관한다.
tip 약 1주일 동안 보관이 가능합니다.
16 사용하기 직전 상온에 잠시 꺼내어 냉기를 뺀 다음 사용한다.
tip 너무 차가우면 아이싱이 되직하여 사용하기 어렵습니다.

마무리

17 아이스크림 스쿠퍼를 이용해 피넛버터 소스를 한 스쿱 떠 시나몬 롤 위에 얹는다.
18 고루 편 뒤 롤 바나나 칩과 바나나 칩, 캔디드 캐슈넛을 올린다.
19 캐러멜 소스와 초콜릿 소스를 뿌려 마무리한다.

Chef's note

맛있다고 생각하는 재료들을 빈틈없이 꽉꽉 채웠습니다.
스스로 사 먹는다고 생각했을 때 부족하게 느껴지지 않았으면 했어요.
판매가가 다소 높아지더라도 구성과 양에 집중한 메뉴입니다.

Ollirolli's
13

Garlic Butter

갈릭 버터

시나몬은 향이 아주 강한 향신료지만 마늘의 상대가 못됩니다.
이 제품을 굽는 날은 가게에 시나몬이 아닌 마늘 향이 나는 것이 신경쓰이는 부분이에요.
갈릭 소스와 크림치즈의 만남은 한국인들이 사랑하는 조합이니 꼭 도전해 보세요.
마늘 소스는 시나몬 롤을 굽는 도중에 꺼내 발라야 타지 않고, 다 구워진 다음 덧바르면 더욱 맛있습니다.

Ingredients [6개]

갈릭 소스	시나몬 롤		마무리
□ 버터 31g	**액체 재료**	□ 강력분 195g	□ 갈릭 디핑소스 적당량
□ 설탕 7g	□ 전란 27g	□ 탈지분유 7g	□ 갈릭 플레이크 적당량
□ 소금 한 꼬집	□ 노른자 27g	□ 드라이이스트 4g	
□ 연유 8g	□ 우유 100g	□ 버터 60g	
□ 마요네즈 8g	□ 생크림 15g		
□ 생크림 6g	**가루 재료**	□ 아몬드 크림 A 90g	
□ 다진 마늘 13g	□ 설탕 48g	□ 시나몬 필링 B 85g	
□ 파슬리 한 꼬집	□ 소금 5g	□ 견과류 3종 C 30g	
□ 전란 18g	□ 박력분 50g		

2
3
12
13
16
18
22
24
25

Garlic Butter

How to Make

갈릭 소스

1 볼에 버터를 넣고 완전히 녹인다.
2 또 다른 볼에 버터를 제외한 모든 재료를 넣고 잘 섞는다.
3 녹인 버터에 2를 넣고 고루 섞는다.
4 마무리에 사용할 소스 60g을 덜어둔 뒤 나머지 30g은 냉장고에 넣어 살짝 굳힌다.

시나몬 롤

5 믹서볼에 버터를 제외한 모든 재료를 넣고 저속으로 믹싱한다.
6 날가루가 거의 보이지 않을 정도로 섞이면 버터를 투입하고 계속해서 믹싱한다.
7 버터가 반죽에 섞여 거의 보이지 않을 때 속도를 높여 믹싱한다.
8 반죽이 한 덩어리로 뭉쳐지면 믹싱을 종료한다.
9 작업대에 덧가루를 뿌리고 반죽을 둥글리기한다.
10 볼에 담아 랩을 덮고 온도 28℃, 습도 70%의 발효실에서 약 1시간 동안 1차 발효시킨다.
11 가로 20㎝, 세로 70㎝ 직사각형으로 크게 밀어 편다.
12 아몬드 크림(A)에 냉장고에서 살짝 굳힌 갈릭 소스 30g을 넣어 잘 섞는다.
13 밀어 편 반죽 위에 갈릭 소스를 섞은 아몬드 크림(A)을 얇게 펴 바른다.
14 아몬드 크림 위에 시나몬 필링(B)을 뿌린 뒤 스크레이퍼를 이용해 고르게 편다.
15 견과류 3종(C)을 전체적으로 흩뿌린다.
16 아래쪽부터 조금씩 돌돌 만다. 끝까지 만 다음, 이음매가 풀리지 않도록 잘 꼬집어 마무리한다.
17 돌돌 말린 반죽에 자를 대고 4㎝ 간격으로 자국을 남긴다.
18 낚싯줄이나 치실을 이용해 6개로 재단한다.
19 베이킹 시트를 깐 베이킹 팬에 지름 10㎝ 무스 링을 6개 올리고 그 안에 재단한 시나몬 롤을 하나씩 넣는다.
20 비닐을 덮은 뒤 온도 28℃, 습도 70%의 발효실에서 약 1시간 정도 2차 발효시킨다.
21 180℃로 예열한 컨벡션 오븐에 넣고 170℃로 낮추어 16분 동안 굽기 시작한다.
22 8분이 지나면 잠시 오븐에서 꺼내 4번에서 덜어 둔 마무리용 갈릭 소스 중 절반만 윗면에 바른다.
23 다시 오븐에 넣고 남은 8분 동안 더 굽는다.

마무리

24 오븐에서 꺼내자마자 무스 링을 제거하고 22번에서 바르고 남은 갈릭 소스를 마저 바른다.
25 갈릭 디핑소스를 짤주머니에 담아 윗면에 뿌린 뒤 갈릭 플레이크를 올려 마무리한다.

Chef's note

육쪽마늘 바게트가 유행할 무렵 개발한 메뉴입니다.
외식업에서 유행하는 품목이 있으면 시나몬 롤에, 혹은 내가 판매하는 제품에
적용할 수 있을지 고민해 보세요. 새로운 깨달음(?)이 있을지도 모르니까요.

Ollirolli's
14

Lotus

로투스

시판 과자를 적절히 활용한 메뉴입니다. 시나몬 롤은 워낙 커피와 잘 어울리는 빵이지만 로투스를 곁들이면 더더욱 잘 어울린답니다. 이처럼 시판 제품을 사용하면 만들기 쉬우면서도 누구에게나 사랑받는 가성비 좋은 메뉴를 만들 수 있어요. 특별한 재료가 필요하지 않으니 가정에서도 도전하기 쉽겠죠?

Ingredients [6개]

시나몬 롤		크림치즈 프로스팅	마무리
액체 재료	□ 강력분 195g	□ 버터 24g	□ 로투스 크럼블 60g
□ 전란 27g	□ 탈지분유 7g	□ 크림치즈 68g	□ 로투스 쿠키 6개
□ 노른자 27g	□ 드라이이스트 4g	□ 슈거 파우더 28g	□ 연유 적당량
□ 우유 100g	□ 버터 60g	□ 생크림 8g	□ 캐러멜 소스 적당량
□ 생크림 15g		□ 우유 22g	
가루 재료	□ 아몬드 크림 A 90g	□ 소금 한 꼬집	
□ 설탕 48g	□ 시나몬 필링 B 85g		
□ 소금 5g	□ 견과류 3종 C 30g		
□ 박력분 50g			

2
6
10
13
16
18
20-1
20-2
21

Lotus

How to Make

시나몬 롤

1 p.18을 참고해 시나몬 롤 반죽을 만들어 약 1시간 동안 1차 발효시킨다.
2 가로 20cm, 세로 70cm 직사각형으로 크게 밀어 편다.
3 밀어 편 반죽 위에 아몬드 크림(A)을 얇게 펴 바른다.
4 아몬드 크림 위에 시나몬 필링(B)을 뿌린 뒤 스크레이퍼를 이용해 고르게 편다.
5 견과류 3종(C)을 전체적으로 흩뿌린다.
6 아래쪽부터 조금씩 돌돌 만다. 끝까지 만 다음, 이음매가 풀리지 않도록 잘 꼬집어 마무리한다.
7 돌돌 말린 반죽에 자를 대고 4cm 간격으로 자국을 남긴다.
8 낚싯줄이나 치실을 이용해 6개로 재단한다.
9 베이킹 시트를 깐 베이킹 팬에 지름 10cm 무스 링을 6개 올리고 그 안에 재단한 시나몬 롤을 하나씩 넣는다.
10 비닐을 덮은 뒤 온도 28℃, 습도 70%의 발효실에서 약 1시간 정도 2차 발효시킨다.
11 180℃로 예열한 컨벡션 오븐에 넣고 170℃로 낮추어 16분 동안 굽는다.
12 오븐에서 꺼내자마자 무스 링을 제거하고 시나몬 롤은 식힘망으로 옮겨 식힌다.

크림치즈 프로스팅

13 상온의 버터와 크림치즈를 각각 부드럽게 푼다.
14 버터와 크림치즈를 합쳐 잘 섞는다.
15 슈거 파우더를 넣고 가루가 보이지 않을 때까지만 섞는다.
16 생크림과 우유, 소금 한 꼬집을 넣고 고루 섞는다.
17 냉장 보관한 다음 사용하기 전 상온에 꺼내 냉기가 가시도록 한다.

마무리

18 크림치즈 프로스팅에 로투스 크럼블 30g을 넣고 가볍게 섞는다.
19 아이스크림 스쿠퍼를 이용해 로투스 크럼블을 섞은 크림치즈 프로스팅을 한 스쿱 떠 시나몬 롤 위에 얹는다.
20 고루 편 뒤 남은 로투스 크럼블을 뿌리고 로투스 쿠키를 한 개씩 올린다.
21 연유와 캐러멜 소스를 뿌려 마무리한다.

유명한 시판 과자의 인기를 그대로 이용할 수 있는 메뉴입니다. 과자에 익숙한 아이들이나 시나몬 롤을 잘 모르는 손님들도 거부감 없이 선택할 수 있어요. 처음 오는 손님들 역시 아는 맛을 고를 확률이 크기 때문에 제법 전략적인 제품입니다.

Ollirolli's 15

Yogurt Granola

요거트 그래놀라

개인적으로 좋아하는 식품인 그래놀라를 시나몬 롤에 접목한 제품입니다. 그래놀라는 직접 만들어 써도 좋지만 요즘에는 맛있는 그래놀라 기성 제품을 쉽게 구할 수 있으므로 활용하면 좋습니다. 필요한 양과 만드는 데 드는 재료비 등을 따져 보아 직접 만들지, 시판 제품을 사서 사용할지 판단하면 됩니다.

Ingredients [6개]

시나몬 롤		요거트 크림치즈 프로스팅	마무리
액체 재료 □ 전란 27g □ 노른자 27g □ 우유 100g □ 생크림 15g **가루 재료** □ 설탕 48g □ 소금 5g □ 박력분 50g	□ 강력분 195g □ 탈지분유 7g □ 드라이이스트 4g □ 버터 60g □ 아몬드 크림 A 90g □ 시나몬 필링 B 85g □ 견과류 3종 C 30g	□ 버터 24g □ 크림치즈 68g □ 슈거 파우더 28g □ 생크림 8g □ 우유 22g □ 소금 한 꼬집 □ 요거트 파우더 30g	□ 그래놀라 적당량 □ 시나몬 파우더 적당량 □ 꿀 적당량

6-1
6-2
7
14
16
17
20-1
20-2
21

Yogurt Granola

How to Make

시나몬 롤

1 p.18을 참고해 시나몬 롤 반죽을 만들어 약 1시간 동안 1차 발효시킨다.
2 가로 20㎝, 세로 70㎝ 직사각형으로 크게 밀어 편다.
3 밀어 편 반죽 위에 아몬드 크림(A)을 얇게 펴 바른다.
4 아몬드 크림 위에 시나몬 필링(B)을 뿌린 뒤 스크레이퍼를 이용해 고르게 편다.
5 견과류 3종(C)을 전체적으로 흩뿌린다.
6 아래쪽부터 조금씩 돌돌 만다. 끝까지 만 다음, 이음매가 풀리지 않도록 잘 꼬집어 마무리한다.
7 돌돌 말린 반죽에 자를 대고 4㎝ 간격으로 자국을 남긴다.
8 낚싯줄이나 치실을 이용해 6개로 재단한다.
9 베이킹 시트를 깐 베이킹 팬에 지름 10㎝ 무스 링을 6개 올리고 그 안에 재단한 시나몬 롤을 하나씩 넣는다.
10 비닐을 덮은 뒤 온도 28℃, 습도 70%의 발효실에서 약 1시간 정도 2차 발효시킨다.
11 180℃로 예열한 컨벡션 오븐에 넣고 170℃로 낮추어 16분 동안 굽는다.
12 오븐에서 꺼내자마자 무스 링을 제거하고 시나몬 롤은 식힘망으로 옮겨 식힌다.

요거트 크림치즈 프로스팅

13 상온의 버터와 크림치즈를 각각 부드럽게 푼다.
14 버터와 크림치즈를 합쳐 잘 섞는다.
15 슈거 파우더를 넣고 가루가 보이지 않을 때까지만 섞는다.
16 생크림과 우유, 소금 한 꼬집을 넣고 고루 섞는다.
17 요거트 파우더를 넣고 섞는다.
18 냉장 보관한 다음 사용하기 전 상온에 꺼내 냉기가 가시도록 한다.

마무리

19 아이스크림 스쿠퍼를 이용해 요거트 크림치즈 프로스팅을 한 스쿱 떠 시나몬 롤 위에 얹는다.
20 고루 편 뒤 그래놀라를 듬뿍 올린다.
21 시나몬 파우더와 꿀을 뿌려 마무리한다.

수십 가지 맛이 있는 아이스크림 가게를 구경하다 보면
퍼뜩 아이디어가 떠오르곤 합니다. 어느 날 문득 요거트 아이스크림 위에 매일 먹어도
질리지 않는 그래놀라를 올려 먹으면 좋겠다는 생각이 나서 개발하게 되었습니다.

Ollirolli's
16

Pistachio

피스타치오

피스타치오 분태를 시나몬 롤 안과 겉에 듬뿍 넣고, 피스타치오 페이스트를 크림치즈 프로스팅에 섞어 연두색 피스타치오가 돋보이는 메뉴입니다. 궁합이 좋은 화이트초콜릿이 은은한 단맛을 내죠. 크랜베리의 상큼한 맛과 색이 포인트예요.

Ingredients [6개]

시나몬 롤		피스타치오 크림치즈 프로스팅	마무리
액체 재료	□ 탈지분유 7g	□ 버터 24g	□ 피스타치오 분태 적당량
□ 전란 27g	□ 드라이이스트 4g	□ 크림치즈 68g	□ 건조 크랜베리 적당량
□ 노른자 27g	□ 버터 60g	□ 슈거 파우더 28g	
□ 우유 100g		□ 생크림 8g	
□ 생크림 15g	□ 아몬드 크림 A 90g	□ 우유 22g	
가루 재료	□ 시나몬 필링 B 85g	□ 소금 한 꼬집	
□ 설탕 48g	□ 견과류 3종 C 30g	□ 피스타치오 페이스트 30g	
□ 소금 5g	□ 피스타치오 분태 30g		
□ 박력분 50g	□ 화이트초콜릿 30g		
□ 강력분 195g			

10-1
10-2
10-3
11
13
14
21
25-1
25-2

Pistachio

How to Make

시나몬 롤

1 믹서볼에 버터를 제외한 모든 재료를 넣고 저속으로 믹싱한다.

2 날가루가 거의 보이지 않을 정도로 섞이면 버터를 투입하고 계속해서 믹싱한다.

3 버터가 반죽에 섞여 거의 보이지 않을 때 속도를 높여 믹싱한다.

4 반죽이 한 덩어리로 뭉쳐지면 믹싱을 종료한다.

5 작업대에 덧가루를 뿌리고 반죽을 둥글리기한다.

6 볼에 담아 랩을 덮고 온도 28℃, 습도 70%의 발효실에서 약 1시간 동안 1차 발효시킨다.

7 가로 20㎝, 세로 70㎝ 직사각형으로 크게 밀어 편다.

8 밀어 편 반죽 위에 아몬드 크림(A)을 얇게 펴 바른다.

9 아몬드 크림 위에 시나몬 필링(B)을 뿌린 뒤 스크레이퍼를 이용해 고르게 편다.

10 견과류 3종(C), 피스타치오 분태, 화이트초콜릿을 전체적으로 흩뿌린다.

11 아래쪽부터 조금씩 돌돌 만다. 끝까지 만 다음, 이음매가 풀리지 않도록 잘 꼬집어 마무리한다.

12 돌돌 말린 반죽에 자를 대고 4㎝ 간격으로 자국을 남긴다.

13 낚싯줄이나 치실을 이용해 6개로 재단한다.

14 베이킹 시트를 깐 베이킹 팬에 지름 10㎝ 무스 링을 6개 올리고 그 안에 재단한 시나몬 롤을 하나씩 넣는다.

15 비닐을 덮은 뒤 온도 28℃, 습도 70%의 발효실에서 약 1시간 정도 2차 발효시킨다.

16 180℃로 예열한 컨벡션 오븐에 넣고 170℃로 낮추어 16분 동안 굽는다.

17 오븐에서 꺼내자마자 무스 링을 제거하고 시나몬 롤은 식힘망으로 옮겨 식힌다.

피스타치오 크림치즈 프로스팅

18 상온의 버터와 크림치즈를 각각 부드럽게 푼다.

19 버터와 크림치즈를 합쳐 잘 섞는다.

20 슈거 파우더를 넣고 가루가 보이지 않을 때까지만 섞는다.

21 생크림과 우유, 소금 한 꼬집을 넣고 고루 섞는다.

22 피스타치오 페이스트를 넣고 고루 섞는다.

23 냉장 보관한 다음 사용하기 전 상온에 꺼내 냉기가 가시도록 한다.

마무리

24 아이스크림 스쿠퍼를 이용해 피스타치오 크림치즈 프로스팅을 한 스쿱 떠 시나몬 롤 위에 얹는다.

25 고루 편 뒤 피스타치오 분태와 건조 크랜베리를 올려 마무리한다.

Chef's note

피스타치오가 듬뿍 들어가면 들어갈수록 맛있는 제품입니다.
비싼 재료지만 맛과 향이 좋아 도전해볼 만한 가치가 있으니
기회가 된다면 꼭 한번 만들어 보세요.

Ollirolli's 17

Black Sesame

흑임자

우리나라 전통 식재료와 콜라보한 메뉴입니다. 기존 시나몬 롤의 이국적인 견과류 대신 호박씨나 해바라기씨처럼 친숙한 견과류를 사용하고, 흑임자를 듬뿍 넣은 깨강정을 만들어 올렸어요. 깨강정은 시판 제품을 사용해도 좋지만 만드는 법이 어렵지 않으니 직접 만들어 보세요. 레시피를 적어 둘게요.

Ingredients [6개]

시나몬 롤		흑임자 크림치즈 프로스팅	마무리
액체 재료 ☐ 전란 27g ☐ 노른자 27g ☐ 우유 100g ☐ 생크림 15g **가루 재료** ☐ 설탕 48g ☐ 소금 5g ☐ 박력분 50g ☐ 강력분 195g	☐ 탈지분유 7g ☐ 드라이이스트 4g ☐ 버터 60g ☐ 아몬드 크림 A 90g ☐ 시나몬 필링 B 85g ☐ 호박씨 20g ☐ 해바라기씨 20g ☐ 호두 분태 20g	☐ 버터 24g ☐ 크림치즈 68g ☐ 슈거 파우더 28g ☐ 생크림 8g ☐ 우유 22g ☐ 소금 한 꼬집 ☐ 흑임자 페이스트 5g	☐ 깨강정 적당량 • 검은깨 39g • 호박씨 39g • 해바라기씨 39g • 조청 100g • 설탕 20g • 식용유 한 스푼

4
5-1
5-2
7
8
18
20-1
20-2
21

Black sesame

How to Make

시나몬 롤

1 p.18을 참고해 시나몬 롤 반죽 만들기를 10번까지 진행한다.
2 밀어 편 반죽 위에 아몬드 크림(A)을 얇게 펴 바른다.
3 아몬드 크림 위에 시나몬 필링(B)을 뿌린 뒤 스크레이퍼를 이용해 고르게 편다.
4 호박씨, 해바라기씨, 호두 분태를 전체적으로 흩뿌린다.
tip 견과류 3종(C)과 동일한 방법으로 전처리하여 사용하면 됩니다.
5 아래쪽부터 조금씩 돌돌 만다. 끝까지 만 다음, 이음매가 풀리지 않도록 잘 꼬집어 마무리한다.
6 돌돌 말린 반죽에 자를 대고 4㎝ 간격으로 자국을 남긴다.
7 낚싯줄이나 치실을 이용해 6개로 재단한다.
8 베이킹 시트를 깐 베이킹 팬에 지름 10㎝ 무스 링을 6개 올리고 그 안에 재단한 시나몬 롤을 하나씩 넣는다.
9 비닐을 덮은 뒤 온도 28℃, 습도 70%의 발효실에서 약 1시간 정도 2차 발효시킨다.
10 180℃로 예열한 컨벡션 오븐에 넣고 170℃로 낮추어 16분 동안 굽는다.
11 오븐에서 꺼내자마자 무스 링을 제거하고 시나몬 롤은 식힘망으로 옮겨 식힌다.

흑임자 크림치즈 프로스팅

12 상온의 버터를 부드럽게 푼다.
13 상온의 크림치즈를 넣어 가며 섞는다.
14 슈거 파우더를 넣고 가루가 보이지 않을 때까지만 섞는다.
tip 너무 오래 믹싱하면 묽게 완성되니 주의합니다.
15 생크림과 우유, 소금 한 꼬집을 넣고 고루 섞는다.
16 흑임자 페이스트를 넣고 잘 섞는다.
17 냉장 보관한 다음 사용하기 전 상온에 꺼내 냉기가 가시도록 한다.

마무리

18 깨강정을 만들어 준비한다.
• **만드는 방법** 검은깨, 호박씨, 해바라기씨를 기름 없는 팬에 볶은 다음 조청, 설탕, 식용유를 끓인 냄비에 넣고 섞어 모양을 잡으면 된다.
tip 깨강정은 시판 제품을 이용해도 좋습니다.
19 아이스크림 스쿠퍼를 이용해 흑임자 크림치즈 프로스팅을 한 스쿱 떠 시나몬 롤 위에 얹는다.
20 고루 편 뒤 윗면에 호박씨와 해바라기씨를 뿌린다.
21 깨강정을 적당히 잘라 올려 마무리한다.

옛날 음식이나 옷을 선호하는 밀레니얼 세대를 '할매니얼'이라고 한다죠.
그 콘셉트에 딱 맞는 메뉴입니다. 물론 어른들에게도 인기가 많은 제품이에요.

Chapter
2

Four Seasons Cinnamon Roll

포 시즌스 시나몬 롤

Four Seasons
Cinnamon Roll

Strawberry Much

스트로베리머치

딸기를 올리는 메뉴는 언제나 인기 만점이죠. 하지만 생과일은 변수가 많으니 조심해야 합니다. 딸기 가격과 상태를 매번 일정하게 맞추기 어렵고 장식할 때도 딸기를 너무 높게 쌓으면 박스에 담기지 않을 수 있어요. 하지만 절대 놓칠 수 없는 봄의 대표 제품입니다.

Ingredients [6개]

토핑용 아몬드 크림	시나몬 롤		크림치즈 프로스팅	마무리
□ 버터 25g	**액체 재료**	□ 강력분 195g	□ 버터 14g	□ 라즈베리 잼 20g
□ 전란 18g	□ 전란 27g	□ 탈지분유 7g	□ 크림치즈 41g	□ 딸기 적당량
□ 아몬드 파우더 25g	□ 노른자 27g	□ 드라이이스트 4g	□ 슈거 파우더 17g	□ 데코스노우 적당량
□ 슈거 파우더 23g	□ 우유 100g	□ 버터 60g	□ 생크림 5g	
	□ 생크림 15g	□ 아몬드 크림 Ⓐ 90g	□ 우유 13g	
	가루 재료	□ 시나몬 필링 Ⓑ 85g	□ 소금 한 꼬집	
	□ 설탕 48g	□ 견과류 3종 Ⓒ 30g		
	□ 소금 5g			
	□ 박력분 50g			

3
7
8
12
18
20
22
23-1
23-2

Strawberry Much

How to Make

토핑용 아몬드 크림

1 p.16을 참고하여 토핑용 아몬드 크림을 만든다.
tip 이 때 반죽용 크림인 아몬드 크림(A)과 함께 계량해 만들면 편리합니다.

2 반죽용 크림인 아몬드 크림(A)과 함께 만들었다면 토핑용으로 절반을 덜어 둔다.

시나몬 롤

3 p.18을 참고해 시나몬 롤 반죽 만들기를 10번까지 진행한다.

4 밀어 편 반죽 위에 아몬드 크림(A)을 얇게 펴 바른다.

5 아몬드 크림 위에 시나몬 필링(B)을 뿌린 뒤 스크레이퍼를 이용해 고르게 편다.

6 견과류 3종(C)을 전체적으로 흩뿌린다.

7 아래쪽부터 조금씩 돌돌 만다. 끝까지 만 다음, 이음매가 풀리지 않도록 잘 꼬집어 마무리한다.

8 돌돌 말린 반죽에 자를 대고 4㎝ 간격으로 자국을 남긴다.

9 낚싯줄이나 치실을 이용해 6개로 재단한다.

10 베이킹 시트를 깐 베이킹 팬에 지름 10㎝ 무스 링을 6개 올리고 그 안에 재단한 시나몬 롤을 하나씩 넣는다.

11 비닐을 덮은 뒤 온도 28℃, 습도 70%의 발효실에서 약 1시간 정도 2차 발효시킨다.

12 오븐에 넣기 직전 토핑용 아몬드 크림을 짤주머니에 담아 발효된 시나몬 롤 위에 15g씩 짠다.

13 180℃로 예열한 컨벡션 오븐에 넣고 170℃로 낮추어 16분 동안 굽는다.

14 오븐에서 꺼내자마자 무스 링을 제거하고 시나몬 롤은 식힘망으로 옮겨 식힌다.

크림치즈 프로스팅

15 상온의 버터를 부드럽게 푼다.

16 상온의 크림치즈를 넣어 가며 섞는다.

17 슈거 파우더를 넣고 가루가 보이지 않을 때까지만 섞는다.
tip 너무 오래 믹싱하면 묽게 완성되니 주의합니다.

18 생크림과 우유, 소금 한 꼬집을 넣고 고루 섞는다.

19 냉장 보관한 다음 사용하기 전 상온에 꺼내 냉기가 가시도록 한다.

마무리

20 크림치즈 프로스팅에 라즈베리 잼을 넣고 가볍게 마블 모양으로 섞는다.

21 아이스크림 스쿠퍼를 이용해 라즈베리 잼을 섞은 크림치즈 프로스팅을 한 스쿱 떠 시나몬 롤 위에 얹는다.

22 딸기가 올라갈 면적만큼만 고루 펼친다.

23 반으로 자른 딸기를 쌓아 올린 다음 데코스노우를 뿌려 마무리한다.

오븐에 넣기 전, 아몬드 크림 짜는 공정을 깜빡하기 쉽습니다.
포스트잇 등으로 표시를 해 두면 불상사를 막을 수 있어요.

Thank You

감사합니다

어버이날과 스승의날이 있는 5월에 어울리는 메뉴입니다. 상징적이라 단체 주문도 많은 제품이죠. 앙금으로 만드는 카네이션 쿠키는 일일이 짜기 번거롭지만 대량으로 만들어 냉동 보관해 사용하면 편리합니다. 밀크 아이싱이 완전히 굳기 전에 앙금 카네이션과 스프링클을 올려야 나중에 떨어지지 않는답니다.

Ingredients [6개]

앙금 카네이션	시나몬 롤		밀크 아이싱
□ 백앙금 167g	**액체 재료**	□ 강력분 195g	□ 슈거 파우더 147g
□ 아몬드 파우더 10g	□ 전란 27g	□ 탈지분유 7g	□ 우유 26g
□ 노른자 5g	□ 노른자 27g	□ 드라이이스트 4g	□ 레몬즙 7g
□ 식용 색소 적당량	□ 우유 100g	□ 버터 60g	□ 식용 색소 적당량
• 윌튼 버건디	□ 생크림 15g		• 윌튼 버건디
• 윌튼 브라운	**가루 재료**	□ 아몬드 크림 A 90g	**마무리**
• 윌튼 모스그린	□ 설탕 48g	□ 시나몬 필링 B 85g	□ 스프링클 적당량
	□ 소금 5g	□ 견과류 3종 C 30g	
	□ 박력분 50g		

1
2
4
5
6
8
20
24
25

Thank You

How to Make

앙금 카네이션

1 볼에 백앙금, 아몬드 파우더, 노른자를 넣고 잘 섞는다.
2 식용 색소를 이용하여 분홍색(버건디+브라운) 앙금을 만든다.
3 꽃받침 위에 작게 자른 유산지를 붙인다.
4 분홍색 앙금을 104번 깍지를 낀 짤주머니에 넣어 유산지 위에 꽃 모양으로 짠다.
5 남은 분홍색 앙금에 초록색 색소(모스그린)를 섞어 연두색 앙금을 만든다.
6 352번 깍지를 낀 짤주머니에 연두색 앙금을 넣고 꽃 옆에 잎사귀를 짠다.
7 완성된 앙금 카네이션은 120℃의 오븐에서 30분 정도 굽는다.
8 완전히 식힌 후 유산지를 제거하고 밀폐 용기에 담아 냉동 보관한다.

시나몬 롤

9 p.18을 참고해 시나몬 롤 반죽을 만들어 약 1시간 동안 1차 발효시킨다.
10 가로 20㎝, 세로 70㎝ 직사각형으로 크게 밀어 편다.
11 밀어 편 반죽 위에 아몬드 크림(A)을 얇게 펴 바른다.
12 아몬드 크림 위에 시나몬 필링(B)을 뿌린 뒤 스크레이퍼를 이용해 고르게 편다.
13 견과류 3종(C)을 전체적으로 흩뿌린다.
14 아래쪽부터 조금씩 돌돌 만다. 끝까지 만 다음, 이음매가 풀리지 않도록 잘 꼬집어 마무리한다.
15 돌돌 말린 반죽에 자를 대고 4㎝ 간격으로 자국을 남긴다.
16 낚싯줄이나 치실을 이용해 6개로 재단한다.
17 베이킹 시트를 깐 베이킹 팬에 지름 10㎝ 무스 링을 6개 올리고 그 안에 재단한 시나몬 롤을 하나씩 넣는다.
18 비닐을 덮은 뒤 온도 28℃, 습도 70%의 발효실에서 약 1시간 정도 2차 발효시킨다.
19 180℃로 예열한 컨벡션 오븐에 넣고 170℃로 낮추어 16분 동안 굽는다.
20 오븐에서 꺼내자마자 무스 링을 제거하고 시나몬 롤은 식힘망으로 옮겨 식힌다.

밀크 아이싱

21 볼에 모든 재료를 넣고 잘 섞는다.
tip 식용 색소는 아주 조금만 섞어 가며 연분홍색을 만듭니다.
22 냉장고에 넣어 보관한다.
23 사용하기 직전 상온에 잠시 꺼내어 냉기를 뺀 다음 사용한다.

마무리

24 밀크 아이싱을 시나몬 롤 위에 듬뿍 올린 뒤 고루 펴 흘러내리도록 연출한다.
25 앙금 카네이션 하나를 올린 다음 스프링클을 뿌려 마무리한다.
tip 밀크 아이싱이 굳기 전에 올려야 카네이션과 스프링클이 고정됩니다.

버터크림 플라워 케이크를 만드는 '올리케이크'가 있기에 가능했던 메뉴입니다.
앙금 쿠키는 활용도가 높으니 다른 메뉴에도 사용하면 좋습니다.

Aloha

알로하

여름을 대표하는 상큼한 열대과일은 향이 강한 시나몬과 페어링하면 아주 잘 어울립니다.
단, 빵이 만들어진 후 시간이 경과하면 과일에서 수분이 빠져나와
빵이 전체적으로 가라앉을 수 있으니 파인애플 조림은 수분을 최대한 날려 만드는 것이 좋습니다.

Ingredients [6개]

파인애플 조림	시나몬 롤		밀크 아이싱
□ 통조림 파인애플 슬라이스 6장 □ 설탕 30g	**액체 재료** □ 전란 27g □ 노른자 27g □ 우유 100g □ 생크림 15g **가루 재료** □ 설탕 48g □ 소금 5g □ 박력분 50g	□ 강력분 195g □ 탈지분유 7g □ 드라이이스트 4g □ 버터 60g □ 아몬드 크림 A 90g □ 시나몬 필링 B 85g □ 견과류 3종 C 30g □ 통조림 파인애플 슬라이스 6장 □ 황설탕 적당량	□ 슈거 파우더 49g □ 우유 9g □ 레몬즙 3g **마무리** □ 황설탕 적당량 □ 통조림 체리 6알

1
3
5
6
8
12
18-1
18-2
20

Aloha

How to Make

파인애플 조림

1 냄비에 적당한 크기로 자른 통조림 파인애플과 설탕을 넣고 가열한다.
2 설탕이 녹고 물기가 없어질 때까지 조린다.
3 다른 그릇에 옮긴 뒤 완전히 식힌다.

시나몬 롤

4 p.18을 참고해 시나몬 롤 반죽 만들기를 13번까지 진행한다.
5 미리 만들어 둔 파인애플 조림을 균일하게 올린다.
6 아래쪽부터 조금씩 돌돌 만다. 끝까지 만 다음, 이음매가 풀리지 않도록 잘 꼬집어 마무리한다.
7 돌돌 말린 반죽에 자를 대고 4㎝ 간격으로 자국을 남긴다.
8 낚싯줄이나 치실을 이용해 6개로 재단한다.
9 베이킹 시트를 깐 베이킹 팬에 지름 10㎝ 무스 링을 6개 올리고 그 안에 재단한 시나몬 롤을 하나씩 넣는다.
10 비닐을 덮은 뒤 온도 28℃, 습도 70%의 발효실에서 약 1시간 정도 2차 발효시킨다.
11 2차 발효가 끝난 시나몬 롤 반죽 위에 통조림 파인애플 슬라이스를 한 장씩 올린다.
12 윗면에 황설탕을 적당히 뿌린다.
13 180℃로 예열한 컨벡션 오븐에 넣고 170℃로 낮추어 16분 동안 굽는다.
14 오븐에서 꺼내자마자 무스 링을 제거한다.

밀크 아이싱

15 볼에 모든 재료를 넣고 잘 섞는다.
tip 양이 많을 때는 핸드믹서를 사용하면 좋습니다.
16 냉장고에 넣어 보관한다.
tip 약 1주일 동안 보관이 가능합니다.
17 사용하기 직전 상온에 잠시 꺼내어 냉기를 뺀 다음 사용한다.
tip 너무 차가우면 아이싱이 되직하여 사용하기 어렵습니다.

마무리

18 구워진 시나몬 롤 윗면에 황설탕을 한 번 더 뿌린 뒤 토치로 가열해 캐러멜화시킨다.
19 짤주머니에 밀크 아이싱을 담아 윗면에 지그재그로 뿌린다.
20 통조림 체리의 물기를 꼼꼼하게 제거한 뒤 하나씩 올려 완성한다.

Chef's note

파인애플에는 코코넛이 잘 어울려 처음에는 코코넛 슬라이스를 올리려 했으나
여름 메뉴인 코코넛 롤과 겹쳐서 컬러 포인트로도 효과가 좋은 꼭지 체리를 올렸습니다.
거기에 '알로하'라는 이름까지 잘 어우러져 베스트셀러로 자리 잡은 메뉴입니다.

Fig

무화과

무화과는 모양도 색도 예뻐서 제철에 아주 인기가 많은 과일입니다. 이 제품에도 생무화과를 올리는데, 일단 칼로 썰면 생각보다 빨리 무르니 꼭 당일 섭취해야 합니다. 이미 무른 무화과는 사용하지 않도록 합시다. 포장 후에는 박스에 눌리거나 이동 시 떨어지지 않도록 주의합니다.

Ingredients [6개]

무화과 콤포트	시나몬 롤		크림치즈 프로스팅	마무리
□ 건조 무화과 100g	**액체 재료**	□ 강력분 195g	□ 버터 24g	□ 생무화과 3개
□ 레드와인 75g	□ 전란 27g	□ 탈지분유 7g	□ 크림치즈 68g	□ 꿀 적당량
□ 설탕 50g	□ 노른자 27g	□ 드라이이스트 4g	□ 슈거 파우더 28g	□ 피스타치오 분태 적당량
	□ 우유 100g	□ 버터 60g	□ 생크림 8g	
	□ 생크림 15g		□ 우유 22g	
	가루 재료	□ 아몬드 크림 A 90g	□ 소금 한 꼬집	
	□ 설탕 48g	□ 시나몬 필링 B 85g		
	□ 소금 5g	□ 견과류 3종 C 30g		
	□ 박력분 50g			

1
3-1
3-2
8
13
22
23
24
25

Fig

How to Make

무화과 콩포트

1 건조 무화과는 꼭지를 제거하고 사등분한다.
2 냄비에 레드와인과 설탕을 넣고 끓인다.
3 손질한 건조 무화과를 넣고 걸쭉한 농도가 될 때까지 조린다.
tip 완성된 콩포트는 식으면 더 되직해지니 너무 오래 조리지 않도록 합니다.
4 다른 그릇에 옮긴 뒤 완전히 식힌다.

시나몬 롤

5 p.18을 참고해 시나몬 롤 반죽을 만들어 약 1시간 동안 1차 발효시킨다.
6 가로 20㎝, 세로 70㎝ 직사각형으로 크게 밀어 편다.
7 밀어 편 반죽 위에 아몬드 크림(A)을 얇게 펴 바른다.
8 아몬드 크림 위에 시나몬 필링(B)을 뿌린 뒤 스크레이퍼를 이용해 고르게 편다.
9 견과류 3종(C)을 전체적으로 흩뿌린다.
10 아래쪽부터 조금씩 돌돌 만다. 끝까지 만 다음, 이음매가 풀리지 않도록 잘 꼬집어 마무리한다.
11 돌돌 말린 반죽에 자를 대고 4㎝ 간격으로 자국을 남긴다.
12 낚싯줄이나 치실을 이용해 6개로 재단한다.
13 베이킹 시트를 깐 베이킹 팬에 지름 10㎝ 무스 링을 6개 올리고 그 안에 재단한 시나몬 롤을 하나씩 넣는다.
14 비닐을 덮은 뒤 온도 28℃, 습도 70%의 발효실에서 약 1시간 정도 2차 발효시킨다.
15 180℃로 예열한 컨벡션 오븐에 넣고 170℃로 낮추어 16분 동안 굽는다.
16 오븐에서 꺼내자마자 무스 링을 제거하고 시나몬 롤은 식힘망으로 옮겨 식힌다.

크림치즈 프로스팅

17 상온의 버터를 부드럽게 푼다.
18 상온의 크림치즈를 넣어 가며 섞는다.
19 슈거 파우더를 넣고 가루가 보이지 않을 때까지만 섞는다.
tip 너무 오래 믹싱하면 묽게 완성되니 주의합니다.
20 생크림과 우유, 소금 한 꼬집을 넣고 고루 섞는다.
21 냉장 보관한 다음 사용하기 전 상온에 꺼내 냉기가 가시도록 한다.

마무리

22 크림치즈 프로스팅에 무화과 콩포트를 넣고 가볍게 섞는다.
23 아이스크림 스쿠퍼를 이용해 무화과 콩포트를 섞은 크림치즈 프로스팅을 한 스쿱 떠 시나몬 롤 위에 얹은 다음 고루 편다.
tip 무화과 콩포트의 과육과 시럽이 골고루 들어갈 수 있도록 폅니다.
24 깨끗이 씻어 사등분한 생무화과를 두 조각씩 올린다.
25 꿀과 피스타치오 분태를 뿌려 마무리한다.

Chef's note

일 년 내내 구할 수 있는 과일이 있는 반면 제철이 아니면 먹을 수 없는 과일이 있어요.
각 계절마다 제철 식재료를 사용한 제품들을 많이 볼 수 있으니 놓치지 말고 벤치마킹해 보세요.

OLLIROLLI
OLLIROLLI

Apple Cinnamon

애플 시나몬

사과는 시나몬하면 가장 먼저 떠오르는 과일 아닐까요? 둘의 궁합이 워낙 좋기 때문에 여러 가지 빵과 디저트, 음료로 많이 만들어지는 조합입니다. 시나몬 롤과의 궁합은 말할 것도 없죠. 애플 시나몬만 대여섯 개씩 구입하는 손님이 있을 정도로 마니아층이 있는 인기메뉴입니다.

Ingredients [6개]

애플 콩포트	시나몬 크럼블	시나몬 롤	
□ 손질한 사과 250g	□ 박력분 39g	**액체 재료**	□ 버터 60g
□ 설탕 85g	□ 설탕 39g	□ 전란 27g	□ 아몬드 크림 A 90g
□ 레몬즙 3g	□ 버터 39g	□ 노른자 27g	□ 시나몬 필링 B 85g
□ 시나몬 파우더 2g	□ 아몬드 파우더 21g	□ 우유 100g	□ 견과류 3종 C 30g
□ 버터 6g	□ 시나몬 파우더 3g	□ 생크림 15g	
		가루 재료	**마무리**
		□ 설탕 48g	□ 시나몬 파우더 적당량
		□ 소금 5g	□ 데코스노우 적당량
		□ 박력분 50g	
		□ 강력분 195g	
		□ 탈지분유 7g	
		□ 드라이이스트 4g	

2
3
4
6
7
10
11
16
19

Apple Cinnamon

How to Make

애플 콩포트

1 사과를 껍질째 적당한 크기로 깍둑썰기해 냄비에 담는다.

2 설탕과 레몬즙을 넣고 가열해 조린다. 타지 않도록 계속해서 젓는다.

3 물기가 없어지면 시나몬 파우더를 넣고 섞는다.

tip 사과 과육이 뭉개지지 않도록 주의합니다.

4 부드러운 버터를 넣고 섞어 마무리한다.

5 다른 그릇에 옮긴 뒤 완전히 식힌다.

시나몬 크럼블

6 푸드프로세서에 모든 재료를 넣고 굵은 모래 입자 정도로 간다.

tip 버터는 차가운 상태로 준비해 넣습니다.

tip 가루가 되었을 때 멈춥니다. 너무 오래 갈아 한 덩어리로 뭉치지 않도록 주의합니다.

7 내용물을 꺼내 보슬보슬한 크럼블 상태가 될 때까지 손으로 비빈다.

8 냉동고에서 1일 정도 보관한다.

시나몬 롤

9 p.18을 참고해 시나몬 롤 반죽 만들기를 13번까지 진행한다.

10 미리 만들어 둔 애플 콩포트를 균일하게 올린다.

11 아래쪽부터 조금씩 돌돌 만다. 끝까지 만 다음, 이음매가 풀리지 않도록 잘 꼬집어 마무리한다.

12 돌돌 말린 반죽에 자를 대고 4㎝ 간격으로 자국을 남긴다.

13 낚싯줄이나 치실을 이용해 6개로 재단한다.

14 베이킹 시트를 깐 베이킹 팬에 지름 10㎝ 무스 링을 6개 올리고 그 안에 재단한 시나몬 롤을 하나씩 넣는다.

15 비닐을 덮은 뒤 온도 28℃, 습도 70%의 발효실에서 약 1시간 정도 2차 발효시킨다.

16 2차 발효가 끝난 시나몬 롤 반죽 위에 시나몬 크럼블을 듬뿍 올린다.

17 180℃로 예열한 컨벡션 오븐에 넣고 170℃로 낮추어 16분 동안 굽는다.

18 오븐에서 꺼내자마자 무스 링을 제거하고 시나몬 롤은 식힘망으로 옮겨 식힌다.

마무리

19 시나몬 파우더와 데코스노우를 뿌려 완성한다.

사과 농장을 운영하는 지인의 도움을 받아 상대적으로 저렴한 가격에 재료를 공급받을 수 있었습니다.
사과가 비싸졌다고 해서 시나몬 롤 안에 들어가는 사과 양을 줄이기는 싫었어요.
사과가 듬뿍 들어가야 맛있는 제품입니다.

Four Seasons 6

Mont Blanc

몽블랑

추석 즈음 빼놓을 수 없는 밤 메뉴입니다. 밤 다이스와 페이스트를 넣고 만 다음 큼지막한 보늬 밤을 올렸습니다. 보늬밤은 직접 만들기에는 시간과 정성이 많이 드니 간편한 통조림 제품을 사용하는 것이 좋습니다. 통조림을 뜯은 후에는 가급적 빨리 소진하고, 전부 사용하지 못했다면 밀폐 용기에 담아 냉장 보관합니다.

Ingredients [6개]

시나몬 롤		밤 크림치즈 프로스팅	마무리
액체 재료	□ 강력분 195g	□ 버터 24g	□ 보늬밤 6알
□ 전란 27g	□ 탈지분유 7g	□ 크림치즈 68g	□ 미로와 적당량
□ 노른자 27g	□ 드라이이스트 4g	□ 슈거 파우더 28g	□ 데코스노우 적당량
□ 우유 100g	□ 버터 60g	□ 생크림 8g	
□ 생크림 15g		□ 우유 22g	
가루 재료	□ 아몬드 크림 A 90g	□ 소금 한 꼬집	
□ 설탕 48g	□ 시나몬 필링 B 85g	□ 밤 페이스트 90g	
□ 소금 5g	□ 견과류 3종 C 30g		
□ 박력분 50g	□ 당적밤 200g		

5
6
9
17
18
20
21
22-1
22-2

Mont Blanc

How to Make

시나몬 롤

1 p.18을 참고해 시나몬 롤 반죽을 만들어 약 1시간 동안 1차 발효시킨다.
2 가로 20㎝, 세로 70㎝ 직사각형으로 크게 밀어 편다.
3 밀어 편 반죽 위에 아몬드 크림(A)을 얇게 펴 바른다.
4 아몬드 크림 위에 시나몬 필링(B)을 뿌린 뒤 스크레이퍼를 이용해 고르게 편다.
5 견과류 3종(C)과 적당한 크기로 자른 당적밤을 전체적으로 흩뿌린다.
6 아래쪽부터 조금씩 돌돌 만다. 끝까지 만 다음, 이음매가 풀리지 않도록 잘 꼬집어 마무리한다.
7 돌돌 말린 반죽에 자를 대고 4㎝ 간격으로 자국을 남긴다.
8 낚싯줄이나 치실을 이용해 6개로 재단한다.
9 베이킹 시트를 깐 베이킹 팬에 지름 10㎝ 무스 링을 6개 올리고 그 안에 재단한 시나몬 롤을 하나씩 넣는다.
10 비닐을 덮은 뒤 온도 28℃, 습도 70%의 발효실에서 약 1시간 정도 2차 발효시킨다.
11 180℃로 예열한 컨벡션 오븐에 넣고 170℃로 낮추어 16분 동안 굽는다.
12 오븐에서 꺼내자마자 무스 링을 제거하고 시나몬 롤은 식힘망으로 옮겨 식힌다.

밤 크림치즈 프로스팅

13 상온의 버터를 부드럽게 푼다.
14 상온의 크림치즈를 넣어 가며 섞는다.
15 슈거 파우더를 넣고 가루가 보이지 않을 때까지만 섞는다.
tip 너무 오래 믹싱하면 묽게 완성되니 주의합니다.
16 생크림과 우유, 소금 한 꼬집을 넣고 고루 섞어 크림치즈 프로스팅을 만든다.
17 밤 페이스트를 부드럽게 푼 다음 크림치즈 프로스팅의 절반을 넣고 섞는다.
18 고루 섞였다면 남은 크림치즈 프로스팅을 넣고 잘 섞는다.
19 냉장 보관한 다음 사용하기 전 상온에 꺼내 냉기가 가시도록 한다.

마무리

20 밤 크림치즈 프로스팅을 부드럽게 푼 다음 몽블랑 깍지를 낀 짤주머니에 담는다.
21 시나몬 롤 위에 링 모양으로 쌓으며 짠다. 링 안쪽에도 조금씩 짠다.
22 보늬밤에 미로와를 묻혀 크림 중앙에 넣은 뒤 데코스노우를 뿌려 마무리한다.
tip 밤이나 과일 등 표면이 마를 수 있는 장식들은 미로와를 바르거나 비닐을 덮으면 좋습니다.

Chef's note

가을 시즌 메뉴지만 재료가 조금씩 남아 생각보다 오래 판매되는 아이러니한 제품입니다. 밤 다이스가 다 떨어져서 판매를 중단하려고 하면 보늬 밤이 아직 남아 있거나 하는 식이죠. 드디어 재료를 다 소진해서 이번에야말로 시즌 아웃하려는 순간 몽블랑을 찾는 손님들이 우르르 들어온다던지. 재미있는 에피소드가 많은 시나몬 롤이에요.

Pumpkin Cinnamon

펌킨 시나몬

달콤하고 담백한 단호박이 핵심인 제품입니다. 단호박을 깨끗이 씻은 뒤 전자레인지에 넣고 살짝 익히면 훨씬 잘 썰려 작업성이 좋습니다. 냉동 단호박은 수분이 너무 많아 사용하기 적절하지 않으니 싱싱한 단호박을 구매합니다. 장식으로 올라가는 단호박 칩은 크림치즈 프로스팅의 수분을 빨아들여 금방 눅눅해질 수 있으니 그래놀라 위에 올려야 합니다.

Ingredients [6개]

시나몬 롤		단호박 크림치즈 프로스팅	마무리
액체 재료	□ 강력분 195g	□ 버터 24g	□ 그래놀라 적당량
□ 전란 27g	□ 탈지분유 7g	□ 크림치즈 68g	□ 단호박 칩 적당량
□ 노른자 27g	□ 드라이이스트 4g	□ 슈거 파우더 28g	□ 시나몬 파우더 적당량
□ 우유 100g	□ 버터 60g	□ 생크림 8g	□ 꿀 적당량
□ 생크림 15g		□ 우유 22g	
가루 재료	□ 아몬드 크림A 90g	□ 소금 한 꼬집	
□ 설탕 48g	□ 시나몬 필링B 85g	□ 찐 단호박 50g	
□ 소금 5g	□ 견과류 3종C 30g		
□ 박력분 50g	□ 찐 단호박 200g		

8
9
11
20-1
20-2
20-3
23
25-1
25-2

Pumpkin Cinnamon

How to Make

시나몬 롤

1 단호박은 반을 갈라 씨를 제거한 다음 전자레인지 용기에 넣고 랩을 덮어 7~8분간 돌린다.

tip 단호박은 반죽과 크림치즈 프로스팅에 들어갈 분량을 함께 준비합니다.

2 반 조리된 상태의 단호박은 껍질을 제거한 뒤 적당한 크기로 잘라 준비한다.

3 p.18을 참고해 시나몬 롤 반죽을 만들어 약 1시간 동안 1차 발효시킨다.

4 가로 20㎝, 세로 70㎝ 직사각형으로 크게 밀어 편다.

5 밀어 편 반죽 위에 아몬드 크림(A)을 얇게 펴 바른다.

6 아몬드 크림 위에 시나몬 필링(B)을 뿌린 뒤 스크레이퍼를 이용해 고르게 편다.

7 견과류 3종(C)을 전체적으로 흩뿌린다.

8 미리 준비한 단호박을 균일하게 올린다.

9 아래쪽부터 조금씩 돌돌 만다. 끝까지 만 다음, 이음매가 풀리지 않도록 잘 꼬집어 마무리한다.

10 돌돌 말린 반죽에 자를 대고 4㎝ 간격으로 자국을 남긴다.

11 낚싯줄이나 치실을 이용해 6개로 재단한다.

12 베이킹 시트를 깐 베이킹 팬에 지름 10㎝ 무스 링을 6개 올리고 그 안에 재단한 시나몬 롤을 하나씩 넣는다.

13 비닐을 덮은 뒤 온도 28℃, 습도 70%의 발효실에서 약 1시간 정도 2차 발효시킨다.

14 180℃로 예열한 컨벡션 오븐에 넣고 170℃로 낮추어 16분 동안 굽는다.

15 오븐에서 꺼내자마자 무스 링을 제거하고 시나몬 롤은 식힘망으로 옮겨 식힌다.

단호박 크림치즈 프로스팅

16 상온의 버터를 부드럽게 푼다.

17 상온의 크림치즈를 넣어 가며 섞는다.

18 슈거 파우더를 넣고 가루가 보이지 않을 때까지만 섞는다.

tip 너무 오래 믹싱하면 묽게 완성되니 주의합니다.

19 생크림과 우유, 소금 한 꼬집을 넣고 고루 섞어 크림치즈 프로스팅을 만든다.

20 찐 단호박을 작게 잘라 부드럽게 으깬 다음 크림치즈 프로스팅의 절반을 넣고 섞는다.

21 고루 섞였다면 남은 크림치즈 프로스팅을 넣고 잘 섞는다.

22 냉장 보관한 다음 사용하기 전 상온에 꺼내 냉기가 가시도록 한다.

마무리

23 아이스크림 스쿠퍼를 이용해 단호박 크림치즈 프로스팅을 한 스쿱 떠 시나몬 롤 위에 얹는다.

24 고루 편 뒤 그래놀라를 적당량 올린다.

25 단호박 칩을 얹은 뒤 시나몬 파우더와 꿀을 뿌려 완성한다.

화려한 토핑이나 자극적인 맛은 없지만 시나몬의 향과 어우러진 단호박의 고소한 맛은 한번 맛보면 자꾸 생각나는 매력이 있죠. 특히 가을과 겨울에는 단호박이 더욱 달콤해지므로 따뜻한 시나몬 롤의 참맛을 느낄 수 있을 거예요.

Four Seasons 8

Holiday

명절

일 년에 두 번 있는 우리나라 명절인 설날과 추석을 기념하기 위한 메뉴입니다.
한국의 전통 식재료는 일반적으로 시나몬 롤과 어울리지 않을 수 있어 팥앙금을 넣고 말아
시나몬과 부드럽게 어우러지게 했고 콩가루나 조청 등을 올려 마무리했습니다.

Ingredients [12개]

시나몬 롤		마무리
액체 재료	□ 강력분 390g	□ 콩가루 적당량
□ 전란 54g	□ 탈지분유 14g	□ 조청 적당량
□ 노른자 54g	□ 드라이이스트 8g	□ 볶은 현미 적당량
□ 우유 200g	□ 버터 120g	□ 미니 약과 6개
□ 생크림 30g		
가루 재료	□ 아몬드 크림 A 90g×2	
□ 설탕 96g	□ 시나몬 필링 B 85g×2	
□ 소금 10g	□ 견과류 3종 C 30g×2	
□ 박력분 100g	□ 팥앙금 150g	

5
11
12
15
19
20
21
22
23

Holiday

How to Make

시나몬 롤

1 믹서볼에 버터를 제외한 모든 재료를 넣고 저속으로 믹싱한다.

2 날가루가 거의 보이지 않을 정도로 섞이면 버터를 투입하고 계속해서 믹싱한다.

3 버터가 반죽에 섞여 거의 보이지 않을 때 속도를 높여 믹싱한다.

4 반죽이 한 덩어리로 뭉쳐지면 믹싱을 종료한다.

5 작업대에 덧가루를 뿌리고 반죽을 올린 뒤 반으로 나눠 둥글리기한다.

tip 인절미 롤용과 현미약과 롤용으로 각각 나눈 것입니다.

6 각각 볼에 담아 랩을 덮고 온도 28℃, 습도 70%의 발효실에서 약 1시간 동안 1차 발효시킨다.

7 두 반죽을 가로 40㎝, 세로 70㎝ 직사각형으로 크게 밀어 편다.

8 밀어 편 반죽 위에 아몬드 크림(A)을 얇게 펴 바른다.

9 아몬드 크림 위에 시나몬 필링(B)을 뿌린 뒤 스크레이퍼를 이용해 고르게 편다.

10 견과류 3종(C)을 전체적으로 흩뿌린다.

11 팥앙금을 짤주머니에 담아 한쪽 반죽에만 적당한 간격을 두고 한 줄씩 짠다.

tip 인절미 롤에만 팥앙금을 넣습니다.

12 두 반죽 모두 아래쪽부터 조금씩 돌돌 만다. 끝까지 만 다음, 이음매가 풀리지 않도록 잘 꼬집어 마무리한다.

13 돌돌 말린 반죽에 자를 대고 4㎝ 간격으로 표시를 남긴다.

14 낚싯줄이나 치실을 이용해 12개로 재단한다.

15 베이킹 시트를 깐 베이킹 팬에 지름 10㎝ 무스링을 12개 올리고 그 안에 재단한 시나몬 롤을 하나씩 넣는다.

16 비닐을 덮은 뒤 온도 28℃, 습도 70%의 발효실에서 약 1시간 정도 2차 발효시킨다.

17 180℃로 예열한 컨벡션 오븐에 넣고 170℃로 낮추어 16분 동안 굽는다.

18 오븐에서 꺼내자마자 무스링을 제거하고 시나몬 롤은 식힘망으로 옮겨 식힌다.

마무리

[인절미]

19 볼에 콩가루를 담은 뒤 팥앙금이 들어간 시나몬 롤을 넣어 전체적으로 콩가루를 묻힌다.

20 체를 이용해 콩가루를 윗면에 다시 한 번 뿌린다.

[현미약과]

21 볼에 조청을 담은 뒤 팥앙금이 없는 시나몬 롤의 윗면을 담갔다 뺀다.

22 볼에 담은 볶은 현미에 조청이 묻은 윗면을 놓고 조심스레 누른다.

23 미니 약과에 조청을 묻혀 시나몬 롤 위에 얹는다.

팥앙금이 포인트인 메뉴로, 한국의 식재료를 접목시키기 위해 많은 시행착오를 거쳤습니다. 시나몬 롤은 대부분의 식재료와 잘 어울리지만 쑥이나 말차 등 씁쓰름한 향이 나는 식재료와는 잘 맞지 않더군요. 이후 메뉴 개발에 많은 도움을 준 제품입니다.

OLLIROLLI
MY DEAR CINNAMON ROLLS

Four Seasons
9

Halloween

핼러윈

아이들도 좋아하고 선물용으로도 인기 만점인 핼러윈 제품입니다. 제품을 디자인할 때
다양한 핼러윈 장식과 관련 제품 이미지를 많이 찾아보며 연구했던 기억이 납니다. 판매용이라면 매장에서
대량생산이 가능하도록 디자인을 간략화하는 등 효과적으로 구성하는 것이 좋습니다.

Ingredients [6개]

시나몬 롤

액체 재료

- □ 전란 27g
- □ 노른자 27g
- □ 우유 100g
- □ 생크림 15g

가루 재료

- □ 설탕 48g
- □ 소금 5g
- □ 박력분 50g
- □ 강력분 195g
- □ 탈지분유 7g
- □ 드라이이스트 4g

- □ 버터 60g

- □ 아몬드 크림 A 90g
- □ 시나몬 필링 B 85g
- □ 견과류 3종 C 30g

밀크 아이싱

- □ 슈거 파우더 204g
- □ 우유 29g
- □ 레몬즙 7g
- □ 식용 색소 적당량
  - 윌튼 바이올렛
  - 윌튼 로즈
  - 윌튼 모스그린
  - 윌튼 레몬옐로우
  - 윌튼 브라운
  - 윌튼 골든옐로우
  - 윌튼 레드레드
  - 윌튼 블랙

크림치즈 프로스팅

- □ 버터 24g
- □ 크림치즈 68g
- □ 슈거 파우더 28g
- □ 생크림 8g
- □ 우유 22g
- □ 소금 한 꼬집

마무리

- □ 눈알 스프링클 적당량
- □ 초코 쿠키 크럼블 적당량
- □ 초코 막대 쿠키 적당량
- □ 무지개 스프링클 적당량

2
7
8
10-1
10-2
12
15
16
17

Halloween

How to Make

시나몬 롤

1 p.18을 참고해 시나몬 롤을 만들어 굽고, 식힘망으로 옮겨 완전히 식힌다.

밀크 아이싱

2 볼에 모든 재료를 넣고 잘 섞는다.

tip 양이 많을 때는 핸드믹서를 사용하면 좋습니다.

3 냉장고에 넣어 보관한다.

tip 약 1주일 동안 보관이 가능합니다.

4 사용하기 직전 상온에 잠시 꺼내어 냉기를 뺀 다음 사용한다.

tip 너무 차가우면 아이싱이 되직하여 사용하기 어렵습니다.

5 식용 색소를 이용하여 보라색(바이올렛+로즈), 초록색(모스그린+레몬옐로우+브라운), 주황색(골든옐로우+레드레드), 검정색(블랙) 밀크 아이싱을 만든다.

tip 흰색 밀크 아이싱도 따로 빼 둡니다.

크림치즈 프로스팅

6 p.23을 참고해 크림치즈 프로스팅을 만들어 둔다.

마무리

[스크림 가면]

7 아이스크림 스쿠퍼를 이용해 흰색 밀크 아이싱을 한 스쿱 떠 시나몬 롤 위에 얹은 뒤 고루 편다.

8 윗면이 완전히 굳으면 검은색 밀크 아이싱을 짤주머니에 담아 7 위에 스크림 가면 얼굴 모양으로 짠다.

[프랑켄슈타인]

9 초록색 밀크 아이싱을 아이스크림 스쿠퍼를 이용해 한 스쿱 떠 시나몬 롤 위에 얹은 뒤 고루 편다.

10 눈알 스프링클을 중앙에 올린 뒤 위쪽에 초코 쿠키 크럼블을 뿌린다.

tip 초록색 아이싱이 완전히 굳으면 눈알 스프링클이나 초코 쿠키 크럼블이 붙지 않고, 아이싱이 굳기 전에 올리면 양 옆으로 흘러내릴 수 있으니 타이밍을 잘 맞추어야 합니다.

11 초코 막대 쿠키를 양쪽에 꽂아 프랑켄슈타인의 귀를 만든다.

12 짤주머니에 담은 검은색 밀크 아이싱으로 입과 상처를 그린다.

[미라]

13 크림치즈 프로스팅을 부드럽게 풀어 짤주머니에 담는다.

14 13을 이용해 눈알 스프링클을 중앙에 붙인다.

15 시나몬 롤 윗면에 크림치즈 프로스팅을 지그재그로 짠다.

[눈알 괴물]

16 보라색 또는 주황색 밀크 아이싱을 아이스크림 스쿠퍼를 이용해 한 스쿱 떠 시나몬 롤 위에 얹은 뒤 고루 편다.

17 눈알 스프링클을 여러 개 붙이고 무지개 스프링클을 뿌려 마무리한다.

대량 주문이 들어오면 가장 긴장하는 메뉴이기도 합니다.
여러 색의 밀크 아이싱을 다 따로 준비해 하나하나 만들어야 해 생각보다 시간이 많이 걸리거든요. 하지만 즐거워하는 손님들 모습을 떠올리면 이 정도 수고로움은 문제도 아니죠.

Merry Christmas
Merry Christmas

Stollen

슈톨렌

슈톨렌을 시나몬 롤 버전으로 재해석한, 세상에 둘도 없는 새로운 메뉴입니다.
오리지널 슈톨렌과 동일하게 건과일을 절이고 마지팬을 만들어 넣었답니다. 하지만 가격은 훨씬 저렴하고
시나몬 롤로 만들어 먹기도 수월하니 자신 있게 추천하는 메뉴입니다.

Ingredients [6개]

마지팬	건과일 절임	시나몬	
□ 설탕 35g	□ 건조 크랜베리 10g	**액체 재료**	□ 드라이이스트 4g
□ 물 10g	□ 건조 살구 10g	□ 전란 27g	□ 버터 60g
□ 아몬드 파우더 67g	□ 건조 자두 10g	□ 노른자 27g	□ 아몬드 크림Ⓐ 90g
□ 럼 3g	□ 오렌지 필 10g	□ 우유 100g	□ 건과일 절임 시럽 150g
	□ 레몬 필 10g	□ 생크림 15g	□ 시나몬 필링Ⓑ 85g
	□ 화이트 럼 적당량	**가루 재료**	□ 견과류 3종Ⓒ 30g
		□ 설탕 48g	**마무리**
		□ 소금 5g	□ 슈거 파우더 적당량
		□ 박력분 50g	
		□ 강력분 195g	
		□ 탈지분유 7g	

2
3
5
10
12
15
17
20
25

Stollen

How to Make

마지팬

1 냄비에 설탕과 물을 넣고 설탕이 다 녹을 때까지 가열해 시럽을 만든다.

tip 양이 적다면 가열 과정을 생략하고 뜨거운 물에 잘 섞어 설탕을 녹입니다.

2 볼에 아몬드 파우더를 넣고 만들어진 시럽을 부으며 핸드믹서를 이용해 빠르게 섞는다.

3 럼을 넣고 섞은 뒤 반죽을 완전히 식힌다.

4 반죽을 20㎝ 길이의 봉 형태로 성형한다.

5 랩으로 감싸 사용하기 전까지 냉장고에 보관한다.

6 사용하기 직전 약 1㎝ 두께로 어슷썰어 준비한다.

건과일 절임

7 밀폐 용기에 화이트 럼을 제외한 모든 재료를 넣어 섞는다.

8 화이트 럼을 부어 재료가 모두 잠기도록 한다.

9 뚜껑을 덮어 밀봉한 뒤 서늘하고 그늘진 상온에 6개월에서 1년 이상 숙성해 사용한다.

tip 건과일들이 럼의 수분을 흡수하므로 초반 3개월 정도는 가끔 뒤적여 주고 럼을 추가해야 합니다.

10 사용하기 전에 체에 밭쳐 시럽을 뺀다.

tip 시럽은 따로 모아 두었다가 반죽에 사용합니다.

시나몬 롤

11 p.18을 참고해 시나몬 롤 반죽 만들기를 10번까지 진행한다.

12 아몬드 크림(A)에 따로 모아 둔 건과일 시럽을 넣고 잘 섞는다.

13 밀어 편 반죽 위에 건과일 시럽을 넣은 아몬드 크림(A)을 얇게 펴 바른다.

14 아몬드 크림 위에 시나몬 필링(B)을 뿌린 뒤 스크레이퍼를 이용해 고르게 편다.

15 시럽을 제거한 건과일 절임을 올린다.

16 견과류 3종(C)을 전체적으로 흩뿌린다.

17 적당한 간격을 두고 마지팬을 놓는다.

18 아래쪽부터 조금씩 돌돌 만다. 끝까지 만 다음, 이음매가 풀리지 않도록 잘 꼬집어 마무리한다.

19 돌돌 말린 반죽에 자를 대고 4㎝ 간격으로 자국을 남긴다.

20 낚싯줄이나 치실을 이용해 6개로 재단한다.

21 베이킹 시트를 깐 베이킹 팬에 지름 10㎝ 무스 링을 6개 올리고 그 안에 재단한 시나몬 롤을 하나씩 넣는다.

22 비닐을 덮은 뒤 온도 28℃, 습도 70%의 발효실에서 약 1시간 정도 2차 발효시킨다.

23 180℃로 예열한 컨벡션 오븐에 넣고 170℃로 낮추어 16분 동안 굽는다.

24 오븐에서 꺼내자마자 무스 링을 제거하고 시나몬 롤은 식힘망으로 옮겨 식힌다.

마무리

25 볼에 슈거 파우더를 담은 뒤 시나몬 롤을 넣어 전체적으로 묻힌다.

26 체를 이용해 슈거 파우더를 윗면에 다시 한 번 뿌린다.

Chef's note

만들고 난 뒤 시간이 지나면 시나몬 롤 위의 건과일에서 수분이 나와 표면에 살짝 얼룩이 생길 수 있습니다.
맛과 품질에는 전혀 영향이 없으며, 상온에서 1~2일은 안심하고 즐기실 수 있습니다.

OLLIROLLI
MY DEAR CINNAMON ROLLS
OLLIROLLI MY DEAR CINNAMON ROLLS
꼭 !!!
데워드세요 ^^
전자레인지에

Gingerbread

진저브레드

생강과 시나몬의 조합은 두말할 것 없이 완벽합니다. 한식에서도 많이 사용하는 만큼 호불호가 적죠.
또 생강은 몸을 따뜻하게 만드는 성질이 있어 겨울에 준비하기 딱 좋은 메뉴랍니다.
민트 맛 캔디와 아주 잘 어울리니 빼놓지 않고 함께 올리는 것을 추천해요.

Ingredients [6개]

시나몬 롤		생강청 크림치즈 프로스팅	진저 크럼블
액체 재료	☐ 강력분 195g	☐ 버터 20g	☐ 박력분 39g
☐ 전란 27g	☐ 탈지분유 7g	☐ 크림치즈 54g	☐ 설탕 39g
☐ 노른자 27g	☐ 드라이이스트 4g	☐ 슈거 파우더 22g	☐ 버터 39g
☐ 우유 100g	☐ 버터 60g	☐ 생크림 6g	☐ 아몬드 파우더 21g
☐ 생크림 15g		☐ 우유 18g	☐ 생강 가루 3g
가루 재료	☐ 아몬드 크림Ⓐ 90g	☐ 소금 한 꼬집	**마무리**
☐ 설탕 48g	☐ 시나몬 필링Ⓑ 85g	☐ 생강청 5g	☐ 페퍼민트 캔디 12개
☐ 소금 5g	☐ 견과류 3종Ⓒ 30g	☐ 몰라시스(당밀) 1ts	☐ 시나몬 파우더 적당량
☐ 박력분 50g			

11
13
16
20
21-1
21-2
24
25-1
25-2

Gingerbread

How to Make

시나몬 롤

1 p.18을 참고해 시나몬 롤 반죽을 만들어 약 1시간 동안 1차 발효시킨다.

2 가로 20㎝, 세로 70㎝ 직사각형으로 크게 밀어 편다.

3 밀어 편 반죽 위에 아몬드 크림(A)을 얇게 펴 바른다.

4 아몬드 크림 위에 시나몬 필링(B)을 뿌린 뒤 스크레이퍼를 이용해 고르게 편다.

5 견과류 3종(C)을 전체적으로 흩뿌린다.

6 아래쪽부터 조금씩 돌돌 만다. 끝까지 만 다음, 이음매가 풀리지 않도록 잘 꼬집어 마무리한다.

7 돌돌 말린 반죽에 자를 대고 4㎝ 간격으로 자국을 남긴다.

8 낚싯줄이나 치실을 이용해 6개로 재단한다.

9 베이킹 시트를 깐 베이킹 팬에 지름 10㎝ 무스 링을 6개 올리고 그 안에 재단한 시나몬 롤을 하나씩 넣는다.

10 비닐을 덮은 뒤 온도 28℃, 습도 70%의 발효실에서 약 1시간 정도 2차 발효시킨다.

11 180℃로 예열한 컨벡션 오븐에 넣고 170℃로 낮추어 16분 동안 굽는다.

12 오븐에서 꺼내자마자 무스 링을 제거하고 시나몬 롤은 식힘망으로 옮겨 식힌다.

진저 크럼블

13 푸드프로세서에 모든 재료를 넣고 굵은 모래 입자 정도로 간다.

tip 버터는 차가운 상태로 준비해 넣습니다.

tip 가루가 되었을 때 멈춥니다. 너무 오래 갈아 한 덩어리로 뭉치지 않도록 주의합니다.

14 내용물을 꺼내 보슬보슬한 크럼블 상태가 될 때까지 손으로 비빈다.

15 냉동고에서 1일 정도 보관한다.

16 베이킹 시트를 깐 베이킹 팬에 펼쳐 140℃의 컨벡션 오븐에서 15~20분 정도 굽는다.

tip 5분에 한 번씩 꺼내 주걱으로 뒤적이며 색과 크기를 고르게 맞춥니다.

생강청 크림치즈 프로스팅

17 상온의 버터를 부드럽게 푼다.

18 상온의 크림치즈를 넣어 가며 섞는다.

19 슈거 파우더를 넣고 가루가 보이지 않을 때까지만 섞는다.

tip 너무 오래 믹싱하면 묽게 완성되니 주의합니다.

20 생크림과 우유, 소금 한 꼬집을 넣고 고루 섞는다.

21 생강청과 몰라시스를 넣고 섞는다.

tip 몰라시스란 사탕수수나 사탕무에서 설탕을 추출하고 남는 진한 시럽 형태의 당밀입니다.

22 냉장 보관한 다음 사용하기 전 상온에 꺼내 냉기가 가시도록 한다.

마무리

23 아이스크림 스쿠퍼를 이용해 생강청 크림치즈 프로스팅을 한 스쿱 떠 시나몬 롤 위에 얹는다.

24 고루 편 뒤 진저 크럼블을 듬뿍 올린다.

25 페퍼민트 캔디 하나를 잘게 부숴 올린 다음 완전한 캔디 하나를 더 올린다.

26 시나몬 파우더를 뿌려 마무리한다.

Chef's note

지팡이 모양 캔디가 크리스마스와 잘 어울려서 겨우내 진열장 한자리를 차지하는 제품이에요.
책에서 소개하진 않았지만 진저맨 쿠키를 구워 올려도 좋습니다.

Four Seasons 12

Christmas

크리스마스

트리와 루돌프 장식으로 크리스마스 기분을 낸 특별메뉴입니다. 12월, 유명 백화점이나 핫플레이스에는 크리스마스 장식이 가득해 연말 분위기가 물씬 나지만 평범한 동네 골목에선 그런 느낌을 찾아보기 어렵죠. 오가는 손님들에게 조금이나마 크리스마스를 전하고 싶어 만들었답니다.

Ingredients [6개]

시나몬 롤		밀크 아이싱	마무리
액체 재료	□ 강력분 195g	□ 슈거 파우더 204g	□ 젤리 적당량
□ 전란 27g	□ 탈지분유 7g	□ 우유 29g	□ 눈알 스프링클 적당량
□ 노른자 27g	□ 드라이이스트 4g	□ 레몬즙 7g	□ 통조림 체리 적당량
□ 우유 100g	□ 버터 60g	□ 식용 색소 적당량	□ 미니 프레츨 적당량
□ 생크림 15g		• 윌튼 모스그린	
가루 재료	□ 아몬드 크림 A 90g	• 윌튼 레몬옐로우	
□ 설탕 48g	□ 시나몬 필링 B 85g	• 윌튼 브라운	
□ 소금 5g	□ 견과류 3종 C 30g	• 윌튼 블랙	
□ 박력분 50g			

2
4
5
6
7
8
9
11
12

Christmas

How to Make

시나몬 롤

1 p.18을 참고해 시나몬 롤을 만들어 굽고, 식힘망으로 옮겨 완전히 식힌다.

밀크 아이싱

2 볼에 모든 재료를 넣고 잘 섞는다.

tip 양이 많을 때는 핸드믹서를 사용하면 좋습니다.

3 냉장고에 넣어 보관한다.

tip 약 1주일 동안 보관이 가능합니다.

4 사용하기 직전 상온에 잠시 꺼내어 냉기를 뺀 다음 사용한다.

tip 너무 차가우면 아이싱이 되직하여 사용하기 어렵습니다.

5 식용 색소를 이용하여 초록색(모스그린+레몬옐로우+브라운), 갈색(브라운), 검정색(블랙) 밀크 아이싱을 만든다.

마무리

[크리스마스 트리]

6 아이스크림 스쿠퍼를 이용해 초록색 밀크 아이싱을 한 스쿱 떠 시나몬 롤 위에 얹은 뒤 고루 편다.

7 초록색 밀크 아이싱이 거의 다 굳으면 검은색 밀크 아이싱을 짤주머니에 담아 윗면에 빙글빙글 돌려가며 짠다.

8 알록달록한 젤리를 올려 마무리한다.

[루돌프]

9 갈색 밀크 아이싱을 아이스크림 스쿠퍼를 이용해 한 스쿱 떠 시나몬 롤 위에 얹은 뒤 고루 편다.

10 눈알 스프링클을 중앙에 올린다.

11 통조림 체리의 물기를 제거한 뒤 눈알 스프링클 아래에 얹어 코를 만든다.

tip 통조림 체리의 물기가 남아 있으면 루돌프의 콧물처럼 흐르거나, 코가 아예 굴러 떨어지기도 합니다. 반드시 물기를 꼼꼼하게 제거한 다음 올려 주세요.

12 미니 프레첼을 얹어 뿔을 표현한다.

tip 갈색 밀크 아이싱이 완전히 굳으면 프레첼 쿠키나 눈알 스프링클이 붙지 않고, 아이싱이 굳기 전에 올리면 양 옆으로 흘러내릴 수 있으니 타이밍을 잘 맞추어야 합니다.

시나몬 롤의 선물 박스를 구성할 때는 맛은 물론 모양과 색감의 조화도 중요한데요,
이 메뉴는 귀여운 비주얼 덕분에 크리스마스 시즌 박스에서 빠질 수 없는 인기 메뉴입니다.

Chapter
3

Cinnamon Roll Variation

시나몬 롤 베리에이션

Cinnamon Roll
Variation

Variation
1

Cherry Blossom

체리 블로섬

체리를 사용해 봄을 표현한 화사한 핑크빛 메뉴입니다.
시나몬을 과감히 뺀 뒤 아몬드 크림에 체리 잼을 섞어 바르고, 다크 체리와 크랜베리를 넣어 상큼함을 더했습니다. 마무리로 생체리를 올리면 더욱 좋겠지요.
시나몬 대신 잼을 활용하면 더욱 다양하게 응용할 수 있습니다.

Ingredients [6개]

시나몬 롤		크림치즈 프로스팅	크림치즈 꽃 장식
액체 재료 □ 전란 27g □ 노른자 27g □ 우유 100g □ 생크림 15g **가루 재료** □ 설탕 48g □ 소금 5g □ 박력분 50g □ 강력분 195g	□ 탈지분유 7g □ 드라이이스트 4g □ 버터 60g □ 아몬드 크림 A 90g □ 체리 잼 30g □ 다크 체리 12개 □ 건조 크랜베리 40g	□ 버터 24g □ 크림치즈 68g □ 슈거 파우더 28g □ 생크림 8g □ 우유 22g □ 소금 한 꼬집	□ 생크림 16g □ 크림치즈 50g □ 슈거 파우더8g □ 식용 색소 적당량 • 윌튼 버건디 **마무리** □ 체리 잼 20g □ 다크 체리 6개 □ 흰색 스프링클 적당량

2
5
7
17
18-1
18-2
19
21
22

Cherry Blossom

How to Make

시나몬 롤

1 p.18을 참고해 시나몬 롤 반죽 만들기를 10번까지 진행한다.

2 아몬드 크림(A)에 체리 잼을 넣고 잘 섞는다.

3 밀어 편 반죽 위에 체리 잼을 섞은 아몬드 크림(A)을 얇게 펴 바른다.

4 물기를 뺀 다크 체리와 건조 크랜베리를 적당한 크기로 잘라 고루 올린다.

5 아래쪽부터 조금씩 돌돌 만다. 끝까지 만 다음, 이음매가 풀리지 않도록 잘 꼬집어 마무리한다.

6 돌돌 말린 반죽에 자를 대고 4㎝ 간격으로 자국을 남긴다.

7 낚싯줄이나 치실을 이용해 6개로 재단한다.

8 베이킹 시트를 깐 베이킹 팬에 지름 10㎝ 무스 링을 6개 올리고 그 안에 재단한 시나몬 롤을 하나씩 넣는다.

9 비닐을 덮은 뒤 온도 28℃, 습도 70%의 발효실에서 약 1시간 정도 2차 발효시킨다.

10 180℃로 예열한 컨벡션 오븐에 넣고 170℃로 낮추어 16분 동안 굽는다.

11 오븐에서 꺼내자마자 무스 링을 제거하고 시나몬 롤은 식힘망으로 옮겨 식힌다.

크림치즈 프로스팅

12 p.23을 참고해 크림치즈 프로스팅을 만든다.

크림치즈 꽃 장식

13 볼에 생크림을 넣고 매우 단단하게 휘핑한 다음 냉장고에 잠시 보관한다.

14 또 다른 볼에 크림치즈를 넣고 부드럽게 푼다.
tip 이 때 공기 층이 많이 생기면 크림이 물러지기 때문에 최대한 적게 휘핑합니다.

15 부드럽게 풀린 크림치즈에 슈거 파우더를 넣고 섞는다.

16 단단하게 휘핑한 생크림을 두 번에 나누어 넣고 섞는다.

17 식용 색소를 적당히 섞어 분홍색 크림을 만든다.

18 104번 깍지를 낀 짤주머니에 넣어 꽃받침 위에 꽃잎을 짠다.

마무리

19 크림치즈 프로스팅에 체리 잼을 넣고 가볍게 마블 모양으로 섞는다.

20 아이스크림 스쿠퍼를 이용해 체리 잼을 섞은 크림치즈 프로스팅을 한 스쿱 떠 시나몬 롤 위에 얹는다.

21 다크 체리를 한 알씩 올린다.

22 크림치즈 꽃 장식을 올린 다음 흰색 스프링클을 뿌려 마무리한다.

Chef's note

꽃 피는 계절에는 꽃을 짜 올린 메뉴가 가장 먼저 판매됩니다.
'올리케이크'에서 항상 버터크림을 사용하고 있기에 자연스럽게 생긴 제품이에요.
이 책에서는 버터크림 대신 크림치즈로 만드는 방법을 소개했습니다.

Variation 2

Corn Cheese

콘 치즈

콘 치즈에서 영감을 받은 메뉴로 지금까지 만든 가운데 가장 많은 재료가 들어간 제품입니다.
통조림 옥수수와 치즈는 사시사철 구하기 쉬운 재료이고 호불호가 없어 상시 메뉴로 넣으면 좋습니다.
다양한 종류의 치즈를 사용해도 좋고, 초당옥수수 시즌에는 토치로 그슬은 초당옥수수를 얹어 내도 좋습니다.

Ingredients [6개]

시나몬 롤		콘 치즈 토핑	마무리
액체 재료	□ 드라이이스트 4g	□ 통조림 옥수수 120g	□ 에멘탈치즈 스프레드 적당량
□ 전란 27g	□ 버터 60g	□ 양파 60g	
□ 노른자 27g	□ 아몬드 크림A 90g	□ 설탕 20g	
□ 우유 100g	□ 황치즈 가루 20g	□ 마요네즈 60g	
□ 생크림 15g	□ 황설탕 30g	□ 모차렐라 치즈 60g	
가루 재료	□ 소금B 1g	□ 드라이 파슬리 적당량	
□ 설탕 48g	□ 체더치즈 슬라이스 6장		
□ 소금A 5g	□ 롤 치즈 50g		
□ 박력분 50g	□ 올리브 10g		
□ 강력분 195g	□ 베이컨 20g		
□ 탈지분유 7g	□ 통조림 옥수수 100g		

2
10
11
14
15
18
20-1
20-2
23

Corn Cheese

How to Make

콘 치즈 토핑

1 통조림 옥수수는 체에 밭쳐 물기를 빼고 양파는 잘게 다진다.

2 볼에 모든 재료를 넣고 섞는다.

시나몬 롤

3 믹서볼에 버터를 제외한 모든 재료를 넣고 저속으로 믹싱한다.

4 날가루가 거의 보이지 않을 정도로 섞이면 버터를 투입하고 계속해서 믹싱한다.

5 버터가 반죽에 섞여 거의 보이지 않을 때 속도를 높여 믹싱한다.

6 반죽이 한 덩어리로 뭉쳐지면 믹싱을 종료한다.

7 작업대에 덧가루를 뿌리고 반죽을 둥글리기한다.

8 볼에 담아 랩을 덮고 온도 28℃, 습도 70%의 발효실에서 약 1시간 동안 1차 발효시킨다.

9 가로 20㎝, 세로 70㎝ 직사각형으로 크게 밀어 편다.

10 볼에 아몬드 크림(A), 황치즈 가루, 황설탕, 소금B를 넣고 고루 섞는다.

11 밀어 편 반죽 위에 10의 아몬드 크림(A)을 얇게 펴 바른다.

12 체더치즈 6장을 올린 다음 롤 치즈를 올린다.

13 적당한 크기로 자른 올리브와 베이컨을 올린다.

14 체에 밭쳐 물기를 뺀 통조림 옥수수를 올린다.

tip 통조림 옥수수의 물기를 잘 빼지 않으면 완성된 빵이 축축해질 수 있습니다.

15 아래쪽부터 조금씩 돌돌 만다. 끝까지 만 다음, 이음매가 풀리지 않도록 잘 꼬집어 마무리한다.

16 돌돌 말린 반죽에 자를 대고 4㎝ 간격으로 자국을 남긴다.

17 낚싯줄이나 치실을 이용해 6개로 재단한다.

18 베이킹 시트를 깐 베이킹 팬에 지름 10㎝ 무스 링을 6개 올리고 그 안에 재단한 시나몬 롤을 하나씩 넣는다.

19 비닐을 덮은 뒤 온도 28℃, 습도 70%의 발효실에서 약 1시간 정도 2차 발효시킨다.

20 윗면에 콘 치즈 토핑을 듬뿍 올린 다음 모차렐라 치즈와 드라이 파슬리를 뿌린다.

tip 모차렐라 치즈가 없으면 식은 뒤 콘 치즈 토핑이 말라 버립니다.

21 180℃로 예열한 컨벡션 오븐에 넣고 170℃로 낮추어 16분 동안 굽는다.

22 오븐에서 꺼내자마자 무스 링을 제거하고 시나몬 롤은 식힘망으로 옮겨 식힌다.

마무리

23 에멘탈치즈 스프레드를 짤주머니에 담아 완성된 시나몬 롤 윗면에 지그재그로 짜 완성한다.

처음에는 시판 옥수수 과자를 활용해 장식할 생각이었습니다.
하지만 올리는 순간 정성들여 만든 콘 치즈 롤이 전부 과자에 가려지더라고요. 단순하게 재미있는 요소로, 혹은 익숙한 맛을 빌려 오기 위해 시판 제품을 무분별하게 사용하면 안 되겠다 깨달은 제품입니다.

Variation
3

Coconut

코코넛

시나몬 대신 여름의 맛을 담은 특별한 메뉴입니다. 코코넛 향의 말리부가 킥이에요. 전국 어디에서도 쉽게 찾아볼 수 없는 희소성 있는 제품이죠. 코코넛 잼은 만드는 시간이 꽤 걸리는 편이지만 한번 만들어 두면 2주 이상 냉장 보관이 가능한데다 들인 시간이 하나도 아깝지 않을 정도로 맛있으니 꼭 만들어 보세요.

Ingredients [6개]

코코넛 잼	시나몬 롤		트로피컬 콩포트
□ 생크림166g	**액체 재료**	□ 강력분 195g	□ 코코넛 밀크 22g
□ 우유 100g	□ 전란 27g	□ 탈지분유 7g	□ 설탕 83g
□ 연유 20g	□ 노른자 27g	□ 드라이이스트 4g	□ 바나나 66g
□ 코코넛 밀크 166g	□ 우유 100g	□ 버터 60g	□ 파인애플 100g
□ 설탕 50g	□ 생크림 15g	□ 아몬드 크림 A 125g	**마무리**
□ 물엿 10g	**가루 재료**	□ 코코넛 리큐어(말리부) 3g	□ 코코넛 롱 적당량
□ 코코넛 파우더 10g	□ 설탕 48g	□ 코코넛 파우더 50g	
□ 코코넛 리큐어(말리부) 16g	□ 소금 5g	□ 건조 크랜베리 50g	
	□ 박력분 50g		

1
2
9
12
18
20
22
23
25

Coconut

How to Make

코코넛 잼

1 냄비에 모든 재료를 넣고 가열한다.
2 타지 않도록 저으며 양이 반으로 줄어들어 걸쭉해질 때까지 졸인다.
3 걸쭉하게 졸아 짙은 베이지색이 되면 코코넛 파우더와 코코넛 리큐어를 넣고 1분간 가열한다.
4 불에서 내려 완전히 식힌다.

시나몬 롤

5 p.18을 참고해 시나몬 롤 반죽을 만들어 약 1시간 동안 1차 발효시킨다.
6 가로 20㎝, 세로 70㎝ 직사각형으로 크게 밀어 편다.
7 아몬드 크림(A)에 코코넛 리큐어를 넣고 잘 섞는다.
8 밀어 편 반죽 위에 코코넛 리큐어를 섞은 아몬드 크림(A)을 얇게 펴 바른다.
9 아몬드 크림 위에 코코넛 파우더와 잘게 자른 건조 크랜베리를 고루 뿌린다.
10 아래쪽부터 조금씩 돌돌 만다. 끝까지 만 다음, 이음매가 풀리지 않도록 잘 꼬집어 마무리한다.
11 돌돌 말린 반죽에 자를 대고 4㎝ 간격으로 자국을 남긴다.
12 낚싯줄이나 치실을 이용해 6개로 재단한다.
13 베이킹 시트를 깐 베이킹 팬에 지름 10㎝ 무스 링을 6개 올리고 그 안에 재단한 시나몬 롤을 하나씩 넣는다.
14 비닐을 덮은 뒤 온도 28℃, 습도 70%의 발효실에서 약 1시간 정도 2차 발효시킨다.
15 180℃로 예열한 컨벡션 오븐에 넣고 170℃로 낮추어 16분 동안 굽는다.
16 오븐에서 꺼내자마자 무스 링을 제거하고 시나몬 롤은 식힘망으로 옮겨 식힌다.

트로피컬 콩포트

17 코코넛 밀크와 설탕을 냄비에 넣고 바글바글 끓인다.
18 적당한 크기로 자른 바나나와 파인애플을 넣고 센 불에서 끓인다.
19 과육만 체로 건져 낸 다음 남은 시럽을 더 졸인다.
tip 시럽이 완전히 졸여질 때까지 가열하면 과육이 뭉그러질 수 있으니 미리 건져 냅니다.
20 졸여진 시럽을 과육에 붓고 완성된 콩포트를 충분히 식힌다.

마무리

21 오븐을 210℃로 예열한 다음 전원을 끈다.
22 베이킹 팬에 코코넛 롱을 펼친 다음 오븐에 넣고 잔열로 15~20분 동안 노릇노릇하게 굽는다.
23 볼에 코코넛 잼을 담은 뒤 시나몬 롤의 윗면을 담갔다 뺀다.
tip 옆면을 타고 잼이 자연스럽게 흐르도록 둡니다.
24 트로피컬 콩포트를 시나몬 롤의 윗면에 올린다.
25 잘 구워진 코코넛 롱을 듬뿍 뿌려 완성한다.

Chef's note

개인적으로 좋아하는 과일이 모두 들어간 꿈의 메뉴입니다.
먹고 싶어서 만든 메뉴라고 해도 과언이 아닐 정도로요. 손님이 몰리는 바쁜 시기에는
제 몫의 코코넛 롤을 하나도 남기지 못해 슬플 때가 많습니다. 그 정도로 맛있고 자신 있는 메뉴예요.

Variation 4

Pizza Roll

피자 롤

가끔 가게 앞을 지나다 급하게 들어와 빵 하나, 음료 한 잔 구입해 급하게 먹고 가는 분들이 계셔
야심차게 준비한 식사 빵입니다. 보기만 해도 무슨 맛일지 상상이 되는 피자 롤이죠.
피자 소스가 질척이지 않도록, 또 식감 좋은 층을 만들기 위해 빵가루를 넣어 말았습니다.

Ingredients [6개]

시나몬 롤

액체 재료	가루 재료		
□ 전란 27g	□ 설탕 48g	□ 피자 소스 120g	□ 페퍼로니 24장
□ 노른자 27g	□ 소금 5g	□ 빵가루 60g	□ 눈꽃 치즈 50g
□ 우유 100g	□ 박력분 50g		□ 올리브 40g
□ 생크림 15g	□ 강력분 195g		□ 모차렐라 치즈 100g+60g
	□ 탈지분유 7g		□ 드라이 파슬리 적당량
	□ 드라이이스트 4g		
	□ 버터 60g		

8
9
10
11
12
14
17-1
17-2
18

Pizza Roll

How to Make

시나몬 롤

1 믹서볼에 버터를 제외한 모든 재료를 넣고 저속으로 믹싱한다.

2 날가루가 거의 보이지 않을 정도로 섞이면 버터를 투입하고 계속해서 믹싱한다.

3 버터가 반죽에 섞여 거의 보이지 않을 때 속도를 높여 믹싱한다.

4 반죽이 한 덩어리로 뭉쳐지면 믹싱을 종료한다.

5 작업대에 덧가루를 뿌리고 반죽을 둥글리기한다.

6 볼에 담아 랩을 덮고 온도 28℃, 습도 70%의 발효실에서 약 1시간 동안 1차 발효시킨다.

7 가로 20㎝, 세로 70㎝ 직사각형으로 크게 밀어 편다.

8 밀어 편 반죽 위에 피자 소스를 올리고 얇게 펴 바른다.

9 피자 소스 위에 빵가루를 골고루 뿌린다.

10 페퍼로니를 적당한 간격을 두고 한 장씩 올린다.

tip 윗면 장식으로 사용할 페퍼로니 6장을 따로 남겨 둡니다.

11 눈꽃 치즈, 올리브, 모차렐라 치즈 100g을 차례대로 올린다.

tip 윗면 장식으로 사용할 올리브와 모차렐라 치즈 60g을 따로 남겨 둡니다.

12 아래쪽부터 조금씩 돌돌 만다. 끝까지 만 다음, 이음매가 풀리지 않도록 잘 꼬집어 마무리한다.

13 돌돌 말린 반죽에 자를 대고 4㎝ 간격으로 자국을 남긴다.

14 낚싯줄이나 치실을 이용해 6개로 재단한다.

15 베이킹 시트를 깐 베이킹 팬에 지름 10㎝ 무스 링을 6개 올리고 그 안에 재단한 시나몬 롤을 하나씩 넣는다.

16 비닐을 덮은 뒤 온도 28℃, 습도 70%의 발효실에서 약 1시간 정도 2차 발효시킨다.

17 시나몬 롤 윗면에 모차렐라 치즈를 뿌리고 페퍼로니를 한 장씩 올린다.

18 올리브 3~4조각을 올린 뒤 드라이 파슬리를 살짝 뿌린다.

19 180℃로 예열한 컨벡션 오븐에 넣고 170℃로 낮추어 16분 동안 굽는다.

20 오븐에서 꺼내자마자 무스 링을 제거하고 시나몬 롤은 식힘망으로 옮겨 식힌다.

Chef's note

아몬드 크림조차 들어가지 않아 플레인 시나몬 롤에서 가장 멀리 간 제품입니다.
하지만 롤 자체의 완성도가 높고, 무엇보다 아주 맛있어요.
생각보다 향이 강하기 때문에 다른 시나몬 롤과 동시에 굽지 않는 것이 좋습니다.

Variation 5

Babka

바브카

바브카는 시나몬, 견과류, 초콜릿 등의 필링을 넣고 돌돌 말아서 꼰 다음 파운드케이크 틀에 넣고 구운 메뉴로 겉은 바삭하고 속은 촉촉한 식감을 자랑합니다. 이 책에서는 시나몬 파우더와 흑설탕을 넣은 시나몬 바브카를 소개합니다. 일반적인 시나몬 롤과 달리 반죽이 훨씬 두껍고 꼬여 있기 때문에 굽는 시간에 유의해야 합니다.

Ingredients [210×65×65㎜ 파운드 모양 3개]

시나몬 버터	시나몬 롤		
□ 버터 180g □ 흑설탕 120g □ 시나몬 파우더 24g	**액체 재료** □ 전란 54g □ 노른자 54g □ 우유 200g □ 생크림 30g	**가루 재료** □ 설탕 96g □ 소금 10g □ 박력분 100g □ 강력분 390g □ 탈지분유 14g □ 드라이이스트 8g □ 버터 120g	□ 견과류 3종 60g

1-1
1-2
9
10
12
14-1
14-2
14-3
15

Babka

How to Make

시나몬 버터

1 부드러운 상온의 버터를 푼 다음 흑설탕과 시나몬 파우더를 넣어 잘 섞는다.

tip 기존의 시나몬 롤처럼 시나몬 필링을 만들어 뿌리게 되면 성형할 때 지저분해지기 때문에 버터에 섞어서 사용했습니다.

시나몬 롤

2 믹서볼에 버터를 제외한 모든 재료를 넣고 저속으로 믹싱한다.

3 날가루가 거의 보이지 않을 정도로 섞이면 버터를 투입하고 계속해서 믹싱한다.

4 버터가 반죽에 섞여 거의 보이지 않을 때 속도를 높여 믹싱한다.

5 반죽이 한 덩어리로 뭉쳐지면 믹싱을 종료한다.

6 작업대에 덧가루를 뿌리고 반죽을 둥글리기한다.

7 볼에 담아 랩을 덮고 온도 28℃, 습도 70%의 발효실에서 약 1시간 동안 1차 발효시킨다.

8 가로 40㎝, 세로 69㎝ 직사각형으로 크게 밀어 편다.

9 세로 약 23㎝ 크기로 삼등분한다.

10 삼등분한 반죽 위에 시나몬 버터도 삼등분해 올리고 얇게 펴 바른다.

11 견과류 3종(C)을 전체적으로 흩뿌린다.

12 세 반죽 모두 짧은 쪽에서부터 조금씩 돌돌 만다. 이음새가 풀리지 않도록 잘 꼬집어 마무리한다.

13 돌돌 만 반죽을 냉장고에서 30분 정도 휴지시킨다.

tip 냉장고에서 휴지시켜야 재단하고 땋는 과정에서 단면이 지저분해지지 않습니다.

14 반죽을 길게 이등분한 다음 꽈배기 모양으로 땋는다.

15 210×65×60㎜ 크기의 파운드 틀에 땋은 반죽을 하나씩 넣는다.

16 비닐을 덮은 뒤 온도 28℃, 습도 70%의 발효실에서 2차 발효시킨다.

tip 냉장 휴지 중에도 발효가 진행되기 때문에 시간보다는 크기로 판단합니다.

17 타공판 위에 틀을 올려 180℃로 예열한 컨벡션 오븐에 넣고 170℃로 낮추어 20분 동안 굽는다.

18 오븐에서 꺼낸 뒤 식힘망 위에 틀째로 올려 완전히 식힌다.

tip 식기 전에 틀에서 꺼내면 모양이 무너질 수 있으니 반드시 식힌 다음에 분리합니다.

19 틀에서 조심스럽게 분리한다.

시나몬 롤을 다른 형태로 먹을 수 있는 방법이죠.
식빵이나 파운드케이크처럼 잘라 여러 명이 나눠 먹기 좋습니다.
성형이 번거로우니 아몬드 크림이 들어가지 않는 쉬운 레시피로 준비했어요.

Variation 6

Wreath

리스

시나몬 롤을 리스 형태로 만들어 특별한 기념일이나 크리스마스, 연말 모임이나 행사 등에 사용하면 좋습니다. 약간의 장식을 곁들여 테이블에 올리면 센터피스로 활용할 수 있고, 아이싱과 토핑을 곁들여 포장하면 선물용으로도 좋습니다. 연말에 만들어 가족과 함께 장식해 보세요.
말린 과일, 슈거 파우더, 시나몬 스틱, 로즈마리 등의 토핑이 잘 어울립니다.

시나몬 버터

Ingredients [지름 약 25㎝ 원형 1개]

시나몬 버터	시나몬 롤		마무리
□ 버터 90g □ 흑설탕 60g □ 시나몬 파우더 12g	**액체 재료** □ 전란 27g □ 노른자 27g □ 우유 100g □ 생크림 15g	**가루 재료** □ 설탕 48g □ 소금 5g □ 박력분 50g □ 강력분 195g □ 탈지분유 7g □ 드라이이스트 4g □ 버터 60g	□ 시나몬 스틱 적당량 □ 밀크 아이싱 적당량 □ 건조 오렌지 슬라이스 적당량 □ 팔각 적당량 □ 데코스노우 적당량

1
8
9
10-1
10-2
12-1
12-2
13-1
13-2

Wreath

How to Make

시나몬 버터

1 부드러운 상온의 버터를 푼 다음 흑설탕과 시나몬 파우더를 넣어 잘 섞는다.

tip 기존의 시나몬 롤처럼 시나몬 필링을 만들어 뿌리게 되면 성형할 때 지저분해지기 때문에 버터에 섞어서 사용했습니다.

시나몬 롤

2 믹서볼에 버터를 제외한 모든 재료를 넣고 저속으로 믹싱한다.

3 날가루가 거의 보이지 않을 정도로 섞이면 버터를 투입하고 계속해서 믹싱한다.

4 버터가 반죽에 섞여 거의 보이지 않을 때 속도를 높여 믹싱한다.

5 반죽이 한 덩어리로 뭉쳐지면 믹싱을 종료한다.

6 작업대에 덧가루를 뿌리고 반죽을 둥글리기한다.

7 볼에 담아 랩을 덮고 온도 28℃, 습도 70%의 발효실에서 약 1시간 동안 1차 발효시킨다.

8 가로 25㎝, 세로 50㎝ 직사각형으로 크게 밀어 편다.

9 밀어 편 반죽 위에 시나몬 버터를 올린 뒤 얇게 펴 바른다.

10 긴 쪽에서부터 조금씩 돌돌 만다. 이음새가 풀리지 않도록 잘 꼬집어 마무리한다.

11 돌돌 만 반죽을 냉장고에서 30분 정도 휴지시킨다.

tip 냉장고에서 휴지시켜야 재단하고 땋는 과정에서 단면이 지저분해지지 않습니다.

12 반죽을 길게 이등분한 다음 꽈배기 모양으로 땋는다.

13 큰 원형이 되도록 모양을 잡은 뒤 이음매가 어색하지 않도록 모양을 다듬는다.

14 비닐을 덮은 뒤 온도 28℃, 습도 70%의 발효실에서 2차 발효시킨다.

tip 냉장 휴지 중에도 발효가 진행되기 때문에 시간보다는 크기로 판단합니다.

15 베이킹 팬에 올린 뒤 180℃로 예열한 컨벡션 오븐에 넣고 170℃로 낮추어 16분 동안 굽는다.

16 오븐에서 꺼낸 뒤 완전히 식힌다.

tip 식기 전에 들어 올리면 모양이 무너질 수 있으니 반드시 식힌 다음에 분리합니다.

마무리

17 시나몬 스틱을 2~3개씩 묶어 둔다.

18 밀크 아이싱을 이용해 시나몬 스틱 묶음과 건조 오렌지 슬라이스, 팔각 등을 붙여 장식한다.

19 체를 이용해 데코스노우를 뿌려 마무리한다.

Chef's note

크리스마스에 생크림케이크 대신 판매하면 어떨까 상상해 봅니다.
맞춤 박스를 제작해 리스를 포장한 뒤 윗면을 장식할 약간의 토핑이나 소품을 함께 제공하는 거죠.
가정에서 다 같이 직접 꾸며볼 수 있도록요.

Variation 7

Cinnamon Ball

시나몬 볼

흔히 볼 수 있는 머핀 틀을 이용한 메뉴입니다. 일반 시나몬 롤처럼 돌돌 말아 구워도 좋지만 이번엔 새로운 성형법을 선택했습니다. 마치 배구공 같은 모양으로 돌돌 땋아 틀에 넣고 구우면 같은 반죽으로도 색다른 연출이 가능하답니다. 땋은 모양이 돋보일 수 있도록 시나몬 설탕만 가볍게 묻혀 완성했습니다.

시나몬 버터

Ingredients [높이 3.5cm 머핀 모양 9개]

시나몬 버터	시나몬 롤		마무리
□ 버터 90g □ 흑설탕 60g □ 시나몬 파우더 12g	**액체 재료** □ 전란 27g □ 노른자 27g □ 우유 100g □ 생크림 15g	**가루 재료** □ 설탕 48g □ 소금 5g □ 박력분 50g □ 강력분 195g □ 탈지분유 7g □ 드라이이스트 4g □ 버터 60g	□ 황설탕 70g □ 백설탕 46g □ 시나몬 파우더 4g

9
10
11
12-1
12-2
13
14
15
16

Cinnamon Ball

How to Make

시나몬 버터

1 부드러운 상온의 버터를 푼 다음 흑설탕과 시나몬 파우더를 넣어 잘 섞는다.

tip 기존의 시나몬 롤처럼 시나몬 필링을 만들어 뿌리게 되면 성형할 때 지저분해지기 때문에 버터에 섞어서 사용했습니다.

시나몬 롤

2 믹서볼에 버터를 제외한 모든 재료를 넣고 저속으로 믹싱한다.

3 날가루가 거의 보이지 않을 정도로 섞이면 버터를 투입하고 계속해서 믹싱한다.

4 버터가 반죽에 섞여 거의 보이지 않을 때 속도를 높여 믹싱한다.

5 반죽이 한 덩어리로 뭉쳐지면 믹싱을 종료한다.

6 작업대에 덧가루를 뿌리고 반죽을 둥글리기한다.

7 볼에 담아 랩을 덮고 온도 28℃, 습도 70%의 발효실에서 약 1시간 동안 1차 발효시킨다.

8 가로 32㎝, 세로 42㎝ 직사각형으로 크게 밀어 편다.

9 밀어 편 반죽 위에 시나몬 버터를 올린 뒤 얇게 펴 바른다.

10 왼쪽 반죽 ⅓만큼을 접는다.

11 오른쪽 반죽 ⅓도 가져와 접는다.

12 위아래를 정리한 다음 높이 4.5㎝로 9개 재단한다.

13 자른 반죽을 세로로 길게 놓은 다음, 위쪽 약 2㎝를 남겨 두고 삼등분한다.

14 잘린 반죽 세 가닥을 교차해 가며 땋는다.

15 반죽을 뒤집어 아래쪽부터 조금씩 돌돌 만다.

16 이음매를 가볍게 봉합한 다음 높이 3.5㎝ 머핀 틀에 하나씩 넣는다.

17 비닐을 덮은 뒤 온도 28℃, 습도 70%의 발효실에서 약 1시간 정도 2차 발효시킨다.

18 180℃로 예열한 컨벡션 오븐에 넣고 170℃로 낮추어 15분 동안 굽는다.

19 오븐에서 꺼낸 뒤 완전히 식힌다.

tip 식기 전에 들어 올리면 모양이 무너질 수 있으니 반드시 식힌 다음에 분리합니다.

마무리

20 황설탕, 백설탕, 시나몬 파우더를 섞어 시나몬 설탕을 만든다.

tip 시나몬 볼을 묻히기 쉽도록 넉넉한 배합을 준비했습니다.

21 시나몬 볼이 완전히 식기 전, 살짝 온기가 있을 때 시나몬 설탕을 듬뿍 묻힌다.

tip 시나몬 볼이 완전히 식어 버리면 시나몬 설탕이 잘 붙지 않고 떨어집니다. 이 경우 빵을 비닐 봉투에 잠시 넣어 두면 빵 안쪽에서 나오는 수분으로 겉면이 다시 촉촉해지니, 이때 설탕을 묻히면 됩니다.

Chef's note

누가 시키지 않았는데 모양대로 뜯어 먹게 되는 재미있는 제품입니다.
배구공 모양으로 땋는 게 어려울 수 있지만 연습해 보세요. 손님들이 아주 좋아한답니다.

Variation
8

Mini Cinnamon Roll

미니 시나몬 롤

사각 팬에 굽는 시나몬 롤로, 한 입에 쏙 들어가는 미니 사이즈의 시나몬 롤입니다.
한 판 구워 여러 사람이 나누어 먹기도 좋지만 무엇보다 신 메뉴가 나왔을 때 샘플용, 시식용으로 구우면 활용도가 높습니다. 먼저 작게 만들어 보고 대량 생산에 들어가는 것이지요. 다양하게 응용해 보세요.

Ingredients [20×20㎝ 사각 팬 1개]

시나몬 롤			밀크 아이싱
액체 재료	**가루 재료**	□ 버터 60g	□ 슈거 파우더 147g
□ 전란 27g	□ 설탕 48g	□ 아몬드 크림Ⓐ 90g	□ 우유 26g
□ 노른자 27g	□ 소금 5g	□ 시나몬 필링Ⓑ 85g	□ 레몬즙 7g
□ 우유 100g	□ 박력분 50g	□ 견과류 3종Ⓒ 30g	
□ 생크림 15g	□ 강력분 195g		
	□ 탈지분유 7g		
	□ 드라이이스트 4g		

5
7-1
7-2
10
11
14
18
20
21

Mini Cinnamon Roll

How to Make

시나몬 롤

1 믹서볼에 버터를 제외한 모든 재료를 넣고 저속으로 믹싱한다.

2 날가루가 거의 보이지 않을 정도로 섞이면 버터를 투입하고 계속해서 믹싱한다.

3 버터가 반죽에 섞여 거의 보이지 않을 때 속도를 높여 믹싱한다.

4 반죽이 한 덩어리로 뭉쳐지면 믹싱을 종료한다.

5 작업대에 덧가루를 뿌리고 반죽을 둥글리기한다.

6 볼에 담아 랩을 덮고 온도 28℃, 습도 70%의 발효실에서 약 1시간 동안 1차 발효시킨다.

7 가로 20㎝, 세로 40㎝ 직사각형으로 크게 밀어 편다.

8 밀어 편 반죽 위에 아몬드 크림(A)을 얇게 펴 바른다.

9 아몬드 크림 위에 시나몬 필링(B)을 뿌린 뒤 스크레이퍼를 이용해 고르게 편다.

10 견과류 3종(C)을 전체적으로 흩뿌린다.

11 긴 쪽부터 조금씩 돌돌 만다. 끝까지 만 다음, 이음매가 풀리지 않도록 잘 꼬집어 마무리한다.

12 돌돌 말린 반죽에 자를 대고 2.5㎝ 간격으로 자국을 남긴다.

13 낚싯줄이나 치실을 이용해 16개로 재단한다.

14 20×20㎝ 크기의 사각팬에 자른 반죽을 4개씩 4줄 맞추어 넣는다.

tip 틀 벽면에 최대한 닿지 않도록 팬닝해야 예쁘게 구워집니다.

15 비닐을 덮은 뒤 온도 28℃, 습도 70%의 발효실에서 약 1시간 정도 2차 발효시킨다.

16 180℃로 예열한 컨벡션 오븐에 넣고 170℃로 낮추어 16분 동안 굽는다.

17 오븐에서 꺼낸 뒤 완전히 식힌다.

tip 식기 전에 들어 올리면 모양이 무너질 수 있으니 반드시 식힌 다음에 분리합니다.

밀크 아이싱

18 볼에 모든 재료를 넣고 잘 섞는다.

tip 양이 많을 때는 핸드믹서를 사용하면 좋습니다.

19 냉장고에 넣어 보관한다.

tip 약 1주일 동안 보관이 가능합니다.

20 사용하기 직전 상온에 잠시 꺼내어 냉기를 뺀 다음 사용한다.

tip 너무 차가우면 아이싱이 되직하여 사용하기 어렵습니다.

마무리

21 완전히 식은 시나몬 롤에 밀크 아이싱을 자유롭게 뿌려 완성한다.

기존 제품을 잘라 시식으로 제공하게 되면 모양이 흐트러지거나 잘린 단면이 마르는 등 문제점이 있을 수 있지만, 이렇게 미니 사이즈로 만들면 보기에도 예쁘고 대접하는 느낌이 들어 좋답니다.

Variation
9

Cinnamon Roll Biscotti

시나몬 롤 비스코티

베이글 칩에서 영감을 받아 만든 메뉴입니다. 부드러운 빵을 바삭한 쿠키로 만들어 새로운 느낌을 주죠. 작업성, 보관성 모두 좋아 카페 메뉴나 선물용 디저트로도 활용할 수 있습니다. 일부러 시나몬 롤을 남기거나 더 구워 만들기보다는 가끔 나올 때 만들어 손님께 서비스로 제공하면 좋습니다.

Ingredients & How to Make [12개]

- □ 시나몬 롤 4개
- □ 황설탕 70g
- □ 백설탕 46g
- □ 시나몬 파우더 4g
- □ 버터 적당량

1 시나몬 롤 4개를 준비해 각봉을 두고 1㎝ 높이로 세 장씩 슬라이스한다.
tip 일반적인 시나몬 롤은 전부 사용할 수 있습니다. 단, 윗면에 크림 등이 올라간 제품이라면 그 부분은 제거해야 합니다.
2 베이킹 팬 위에 팬닝한 다음 180℃로 예열한 컨벡션 오븐에 넣고 170℃로 낮추어 약 10분 동안 굽는다.
3 오븐에서 꺼내 비스코티를 뒤집은 다음 다시 오븐에 넣어 5분 정도 더 굽는다.
4 볼에 백설탕, 황설탕, 시나몬 파우더를 넣고 섞어 시나몬 설탕을 준비한다.
5 다 구워진 비스코티가 식기 전에 버터를 녹여 앞뒤로 바른다.
6 시나몬 설탕이 담긴 그릇에 비스코티를 넣고 시나몬 설탕을 듬뿍 묻힌다.
tip 밀폐 용기에 담아 1~2주 동안 상온에서 보관이 가능합니다.

1

5

6

저자 강나루 · 송혜현
발행인 장상원
편집인 이명원

초판 1쇄 2025년 2월 24일
발행처 (주)비앤씨월드 출판등록 1994.1.21 제 16-818호
주소 서울특별시 강남구 선릉로 132길 3-6 서원빌딩 3층
전화 (02)547-5233 **팩스** (02)549-5235
홈페이지 http://bncworld.co.kr
블로그 http://blog.naver.com/bncbookcafe
인스타그램 @bncworld_books
진행 김지연 **사진** 이재희 **디자인** 박갑경
ISBN 979-11-86519-95-0 13590